U0189430

数据资产管理丛书

数据治理

制度体系建设和数据价值提升

吴闻汐 ◎ 编著

中国科学技术出版社

·北　京·

图书在版编目（CIP）数据

数据治理：制度体系建设和数据价值提升 / 吴闻汐
编著 . -- 北京：中国科学技术出版社 , 2025. 1.
（数据资产管理丛书）. -- ISBN 978-7-5236-1126-5

Ⅰ . TP274

中国国家版本馆 CIP 数据核字第 2024JZ7704 号

策划编辑	杜凡如　何英娇	责任编辑	杜凡如　孙倩倩
封面设计	潜龙大有	版式设计	蚂蚁设计
责任校对	焦　宁	责任印制	李晓霖

出　　版	中国科学技术出版社
发　　行	中国科学技术出版社有限公司
地　　址	北京市海淀区中关村南大街 16 号
邮　　编	100081
发行电话	010-62173865
传　　真	010-62173081
网　　址	http：//www.cspbooks.com.cn

开　　本	710mm×1000mm　1/16
字　　数	233 千字
印　　张	16.75
版　　次	2025 年 1 月第 1 版
印　　次	2025 年 1 月第 1 次印刷
印　　刷	大厂回族自治县彩虹印刷有限公司
书　　号	ISBN 978-7-5236-1126-5/TP・503
定　　价	79.00 元

（凡购买本社图书，如有缺页、倒页、脱页者，本社销售中心负责调换）

数据资产管理丛书
编委会

主　　任：李开孟

副 主 任：陈发勇　郑洪涛

顾　　问：谢志华　张小军　陈　鹏

编　　委：张　颖　王国栋　李　楠　王　进　张晓妮　孙诗旸
　　　　　吕红伟　李倩玉　范梦娟　李荣蓉　王　宁　周茂林
　　　　　周忠璇　王景莹　蒋云菲

学术支持：中国技术经济学会数据资产管理专业委员会

丛书序

　　以大数据大模型为代表的数据智能技术，正在推动互联网和网络空间发生重大科技革命，实现从互联网到数联网、从网络空间到数据空间、从网络经济到数字经济的深层次产业变革。尤其是科学研究第四范式催生大数据、大模型、大算力的飞速发展，成为数字经济创新发展的重要动力源泉，使得数字经济成为继农业经济、工业经济之后的主要经济形态，呈现出以数据资源为关键要素，以现代信息网络为主要载体，以信息通信技术融合应用、全要素数字化转型为重要推动力量的新经济样态。数字经济发展速度之快、辐射范围之广、影响程度之深前所未有，正在推动生产方式、生活方式和治理方式发生深刻变革，成为重组全球要素资源、重塑全球经济结构、改变全球竞争格局的关键推动力量。

　　数据竞争是未来国家竞争的重要领域。习近平总书记高度重视数据要素和数字经济的高质量发展，指出："要加快建设数字中国，构建以数据为关键要素的数字经济，推动实体经济和数字经济融合发展。"积极培育和发展新质生产力，推动制造业高端化、智能化、绿色化发展，让传统产业焕发新的生机活力。党的二十届三中全会强调要"建设和运营国家数据基础设施，促进数据共享"。随着第四范式从科研领域扩展到经济社会生活众多层面，对数据互联（Interconnection of Data）、数据互通（Interexchange of Data）和数据互操作（Interoperation of Data）等关键领域不断提出新要求，需要围绕重要行业领域和典型应用场景，在统一基础设施底座的基础上，加快部署开展隐私计算、数据空间、区块链、数联网等多项技术路线发展，进一步完善数据基础制度体系，促进数据流通交易和开发利用，推动数据基础设施建设和数据领域核心技术攻关，强化数据安全治理，激活数据要素潜能，全面提升体系化的数据治理能力。对这些重大问题，亟待深入开展一系列技术经济重点热点和难点问题的专题研究。

中国技术经济学会是中国科学技术协会直属并经国家民政部注册备案管理的全国性科技社会团体，是由技术经济工作者自愿组成的全国性、学术性、非营利性社会组织，是促进我国技术经济科学事业健康发展的重要社会力量。学会的主要任务就是要团结和动员全国广大技术经济工作者，面向国家经济发展主战场和重大战略需求，探索科学技术转化为生产力的途径和方法，研究科技创新和经济发展的相互关系，研究资源优化配置和工程科学决策，为创新驱动发展服务，为提高全民科学素质服务，为技术经济领域的科技工作者服务，为党和政府科学决策服务，为促进我国技术经济事业繁荣创新发展服务。

中国技术经济学会高度重视数据要素和数字经济的专业研究和产业应用，决定依托有关专业力量，专门成立数据资产管理专业委员会，希望团结数据政策研究、数据技术创新与应用、数据要素管理与运营、数据资产估值与交易领域的技术经济工作者，开展相关理论研究、实践应用和国际交流，探索数据要素市场的运行机制和发展规律，促进数据资产管理人才专业化、职业化发展，凝聚各方力量，整合专业资源，为规范管理和政策制定提供智力支持，为激活数据要素潜能，做强做优做大数字经济，加快形成新质生产力，推动技术经济学科创新发展，构筑国家竞争新优势做出贡献。

中国科学技术出版社隆重出版的"数据资产管理丛书"，是中国技术经济学会数据资产管理专业委员会向广大读者呈现的针对数据资产价值创造和创新管理的系列专著。在丛书的编写过程中，作者充分发挥中国技术经济学会的组织优势整合相关领域专家和产业网络资源平台，汇聚各相关领域专家智慧，依托其深厚的学术功底和丰富的实践经验，跨越技术和经济双重维度，对数据资产价值创造和管理全链条相关内容进行全面深入剖析。在技术层面，丛书详细阐述了数据采集、处理、存储、分析、应用等各环节的最新进展，以及这些技术如何为数据资产的高效管理和价值挖掘提供强有力的专业支撑。在经济层面，重点研究数据作为新型生产要素的经济学特性，聚焦价值评估、市场交易、产权界定、风险防控等核心议题，为读者深入理解数据资产的经济特征及价值形成内在机理提供清晰而系统的分析框架。

尤为值得一提的是，丛书秉持技术经济学科的专业特色，没有孤立地看待技术和经济两大维度，而是将其深度融合，展现了二者在数据资产价值创造和创新管理中的互动与协同，并通过丰富的案例分析和实证研究，深刻揭示技术创新如何驱动数据资产价值形成倍增效应，以及经济规律如何引导数据资源的优化配置，为政府决策、企业实践和社会治理提供宝贵的参考和启示。

丛书不仅是对当前数据资产领域理论研究和实践经验的系统梳理，更是对未来数字经济发展趋势的前瞻性探索。丛书以深厚的学理剖析和丰富的案例展示，向读者诠释数据不是冰冷的数字堆砌，而是蕴含着无限潜力的新经济价值宝藏。通过专业化的资产管理，数据能够转化为推动产业升级、优化资源配置、提升社会治理效能的强大动力，成为引领经济高质量发展的新引擎。

技术经济学跨越经济学、管理学、自然科学、工程技术等多学科的界限，以"经济学"为母体，进行多学科延伸交叉，综合运用各学科的知识和方法，围绕形成现实生产力，为经济社会发展提供全面、系统的分析路径和解决方案，形成具有跨学科鲜明特色的技术经济学科知识体系。"数据资产管理丛书"是中国技术经济学会在数据资产管理领域的最新研究成果。在此，我衷心希望这套丛书能够成为广大读者深入理解数据资产要素、把握数字经济发展机遇的重要窗口，激发人们更多聚焦数据价值创造的思考和行动。同时，我们诚挚邀请和热烈欢迎全国技术经济相关领域的专家和企业加入中国技术经济学会大家庭，成为中国技术经济学会会员，利用好学会提供的极为丰富的平台网络资源，在数字经济的浩瀚海洋中，共同探索数据资产价值创造的无限可能，为构建更加繁荣、包容、可持续的数字世界贡献力量。

中国技术经济学会党委书记、理事长　李开孟

前　言

随着大数据、云计算、人工智能等技术的快速发展，数据治理的重要性日益凸显。为了帮助企业更好地理解和实施数据治理，本书将深入探讨数据治理的各个方面，从概念到实践，从理论到案例，为读者提供一个全面的视角。

数据治理无论是对于以数字经济为主体的企业，还是对于应用数据的社会参与者，都有非常重要的意义。随着数据量的爆炸性增长，企业面临着如何有效管理和利用这些数据的挑战。数据安全和隐私保护的问题日益突出，企业需要确保数据的合规使用。数据的质量和价值直接影响到企业的决策和运营效率。数据治理成为企业和社会必须面对的一个重要课题。

数据治理涉及数据的整个生命周期，包括数据的采集、存储、处理、分析、共享和销毁。它要求企业建立一套完整的管理体系，确保数据的准确性、完整性、一致性、可用性和安全性。数据治理的核心目标是提高数据的质量，确保数据的安全，促进数据的有效利用，从而为企业创造价值。

本书将围绕以下几个重点展开：

数据治理概述主要介绍数据治理的概念、目标和策略，以及体系框架的构建等。

数据战略主要探讨不同类型的数据战略，以及如何制定和实施这些战略。

数据组织管理主要分析数据治理的开展条件，组织架构的搭建原则和模式。

数据治理制度体系主要讨论数据治理制度体系的概念与特点、原理、方式和实施关键点等。

数据绩效管理主要介绍日常和定期的数据考核方法，以及如何利用系统自动考核等。

数据标准体系主要探讨元数据、主数据、数据模型和数据交换的标准。

数据质量体系主要分析数据质量问题与成因，质量管理，质量评价与改进的方法等。

数据安全体系主要讨论全国和地方性的数据安全法规，以及数据全生命周期的安全。

数据平台工具主要介绍元数据管理、数据质量、数据可视化、数据分析和数据安全工具等。

华为的数据治理演变和策略主要是以华为为例，探讨数据治理的演变和策略等。

总之，本书旨在为读者提供一个关于数据治理的全面指南，帮助企业构建有效的数据治理体系，提升数据管理能力，从而在数据驱动的商业环境中保持竞争力。

目　　录

第五章 CHAPTER 5　数据绩效管理

第六章 CHAPTER 6　数据标准体系

第七章 CHAPTER 7　数据质量体系

第一章

数据治理概述

▶▶▶▶

　　数据具有高度复杂性、多样性的特点，且数据量增长迅速，这使得如何有效治理数据成为企业面临的重要挑战。本章将深入探讨数据治理的概念，作为构建数据战略基石的关键环节，数据治理不仅关乎数据的质量、安全与合规，更是实现数据价值最大化的必要途径。通过解析数据治理的目标、策略及体系框架，我们将揭示如何系统地管理数据资产，确保其在合法合规的前提下，为企业创造更大的商业价值。

第一节　数据治理的概念

▼

一、数据治理的内涵

数据治理是企业对数据资产管理行使权力和控制的活动集合（包括计划、监督和执行），它是管理企业数据资源的一种方式、方法，旨在确保数据的质量、安全、合规和有效性。数据治理是企业实现数据战略的基础，是一个管理体系，包括组织、制度、流程和工具。

二、数据治理的特点

数据治理是一种组织数据、规范数据、管理数据的过程，旨在确保数据的质量、可靠性、可用性和安全性。数据治理的特点包括综合性与系统性、业务需求导向、持续性与动态性、风险管理与合规性、跨部门合作、标准化与规范化、自动化与智能化七个方面。

第一是综合性与系统性。数据治理涉及数据的收集、存储、处理、分析和共享等各个环节，通过整合数据管理策略、流程和技术，以确保数据的质量、可信度和一致性。数据治理促使组织在数据管理的各个层面之间建立统一的视图和标准，使得数据更容易被理解、访问和使用。第二是业务需求导向。数据治理关注的是如何满足组织的战略目标和业务需求，而不仅仅是技术层面的数据管理。通过对业务流程的全面理解，数据治理能够确定和实施符合组织目标和需求的数据管理策略。第三是持续性与动态性。数据治理是一个持续进行的过程，需要组织建立有效的数据管理机制，包括规范、流程和人员培训，以确保数据始终得到有效管理和维护。同时，数据治理需要与业务和技术环境的变化保持同步，以适应不断变化的业务需求和数据规模。第四是风险管理与合规性。数据治理通过确保数据隐私和保护个人身份信息，减少数据泄露和滥用的风险，还关注合规性要求，例如敏感数据处理、数据保留和数据审计等，以满足法律和监管要求。第五是跨部门合作。数据治理需要各个部门和业务所有者之间的紧密合作。从数据收集到数据利用的整个过程，数据治理需要协调不同部门之间的数据需求和决策。为了确保数据治理与整个组织的数据需求和目标一致，建议在组织内设立数据管理委员会或团队。第六是标准化与规范化。数据治理强调数据的标准化和规范化，包括数据标准管理、数据模型管理、元数据管理、主数据管理、数据质量管理、数据安全管理、数据生命周期管理等内容。数据标准是数据治理的一项基础工作内容，数据模型依赖于数据标准用于指导数据开发工作，而数据质量也依赖于数据标准，需要根据数据标准进行各项数据质量的筛查。元数据是数据治理工作的核心和基础，它描述了数据资产的特征和属性，对于数据的有效管理和使用至关重要。第七是自动化与智能化。随着技术的发展，数据治理将更多地依赖自动化和智能化技术，如机器学习、人工智能和自然语言处理等，以提高数据质量和准确性，降低人工干预的成本和错误率。

第二节　数据治理的目标

《信息技术服务　治理第 5 部分：数据治理规范》（GB/T 34960.5—2018）中将数据治理目标描述为"运营合规、风险可控和价值实现"。在这三个目标的框架之下，结合数据资产的最新定义以及《中共中央　国务院关于构建数据基础制度更好发挥数据要素作用的意见》中的相关内容，将数据资产治理目标细化如下。

一、提升质量目标

数据治理的首要目标是确保数据的质量和准确性。这需要对数据进行标准化、验证和清洗，以确保数据的准确性，从而避免不必要的误解和错误的决策。

数据作为产生业务价值和实现业务目标的基石，其质量已成为企业实现业务目标的一个极其重要的影响因素。数据的质量问题在一定的角度上反映出企业数据治理过程中存在的一些问题，分析数据质量问题可以帮助企业找到问题的源头。高质量的数据对管理决策、业务支撑都有极其重要的作用。企业的数据质量与企业经营业绩之间有着直接的关系。高质量的数据可以保持公司的竞争力，在企业市场竞争时期立于不败之地，而低质量数据往往会导致错误的业务决策。提升数据质量能够为企业提供结构清晰的数据，是企业开发业务系统、提供数据服务、发挥数据价值的必要前提。

1. 提升质量目标的内涵

其内涵包括准确性、一致性、完整性、可靠性、及时性五个方面。第一，准确性是指确保数据真实反映实际情况，避免误导性信息和决策。第二，一致性是指确保同一数据在不同系统或部门间保持一致，减少数据冲突和错误。第三，完整性是指确保数据的完整性，避免因数据缺失而导致的信息不全或决策失误。第四，可靠性是指确保数据在存储、传输和处理过程中的可靠性，防止数据损坏或丢失。第五，及时性是指确保数据能够及时更新和传递，满足业务对数据时效性的要求。

2. 提升质量目标的特点

其特点包括以下三个方面：一是全面性，质量目标涵盖了数据的各个方面，确保数据的整体质量得到提升；二是持续性，质量目标需要持续关注和改进，随着业务的发展和数据量的增长，不断优化数据治理策略；三是协作性，质量目标的实现需要跨部门、跨团队的协作，共同推动数据质量的提升。

3. 提升质量目标的应用场景

其应用场景通常包括以下三个部分：

第一部分，在业务决策中，高质量的数据为业务决策提供了可靠的依据，避免了因数据问题而导致的决策失误。例如，在销售领域中，通过对历史销售数据进行准确、完整、及时的分析，可以预测未来销售趋势，并针对性地开展市场营销活动。

第二部分，在风险管理中，通过提升数据质量，企业可以及时发现和预防潜在的风险。例如，在财务管理中，准确的财务数据可以帮助企业识别财务风险，及时采取措施并加以应对。

第三部分，在客户服务中，高质量的数据有助于企业更好地了解客户需求和行为特点，提供个性化的服务。例如，在零售行业中，通过对客户购买历史、浏览记录等数据的分析，可以为客户提供更加精准的推荐和服务。

二、运营合规目标

组织应依据相关法律法规和行业监管要求，建立数据全生命周期治理体系，保障数据及其应用的合规。尤其应确保数据来源合法合规，建立完善的个人信息确权授权机制。运营合规目标要求组织在数据管理和应用过程中，必须严格依据相关的法律法规和行业监管要求，建立全面的数据全生命周期治理体系。这一治理体系应覆盖数据的采集、存储、处理、共享、销毁等各个环节，确保数据在其生命周期的每一阶段都能得到妥善管理和合规使用。

为了实现运营合规，组织需要特别关注数据的来源是否合法合规。这意味着，组织在获取数据时必须遵守相关法律规定，确保数据来源的合法性和正当性。同时，对于涉及个人信息的数据，组织还需要建立完善的个人信息确权授权机制，确保个人信息的收集、使用、存储、传输等行为都经过信息主体的明确同意，并遵守相关隐私保护法规。

此外，运营合规还要求组织建立符合法律、规范和行业准则的数据合规管理体系。这一体系应包括数据分类分级、数据安全、数据质量、数据标准、数据生命周期管理等多个方面，以确保数据在管理和应用过程中的合规性。同时，组织还需要通过评价评估、数据审计和优化改进等流程，不断监控和提升数据管理的合规水平。

1. 运营合规目标的内涵

其内涵包括遵守法律法规、符合行业规范、制定内部规章制度三个方面。第一，遵守法律法规。组织需要严格遵守国家及地方政府制定的与数据相关的法律法规，如《中华人民共和国数据安全法》《中华人民共和国个人信息保护法》等，确保数据处理活动的合法性。第二，符合行业规范。根据所处行业的特定要求，遵循相关的行业规范和标准，如金融行业的数据安全标准、医疗行业的患者隐私保护规定等。第三，制定内部规章制度。建立健全内部数据管理制度和流程，确保员工在数据收集、存储、处理、传输和披露等环节遵循统一的标准和程序。

2. 运营合规目标的特点

其特点包括以下三个方面。第一，强制性。运营合规目标是基于法律法规和行业规范的要求而设立的，具有强制性，组织必须严格遵守，否则可能面临法律制裁和业务中断的风险。第二，动态性。随着法律法规和行业规范的不断更新和完善，运营合规目标也需要相应地进行调整和优化，以适应新的监管要求。第三，全员参与。运营合规目标的实现需要全体员工的共同努力和配合。组织需要加强对员工的合规培训和教育，增强员工的合规意识和能力。

3. 运营合规目标的应用场景

在金融领域，运营合规目标尤为重要。金融机构需要严格遵守反洗钱、客户身份识别、数据跨境传输等法律法规，确保金融交易的合法性和安全性。在医疗行业，运营合规目标主要体现在患者隐私保护方面。医疗机构需要建立健全患者信息管理制度，确保患者个人信息的安全和隐私不受侵犯。在电商领域，运营合规目标涉及消费者权益保护、虚假宣传、不正当竞争等多个方面。电商平台需要加强对商家行为的监管，确保交易活动的公平、公正和透明。

三、风险可控目标

统筹发展和安全，贯彻总体国家安全观，把安全贯穿数据资产治理全过程。通过采取必要措施，确保数据资产处于有效保护和合法利用的状态，以及具备保障持续安全状态的能力。

建立数据安全管理机制，明确数据安全的责任主体、管理流程和应急措施，确保数据安全管理的规范化和制度化。根据数据的敏感程度和重要性，对数据进行分类分级管理，对不同级别的数据采取不同的保护措施，确保敏感数据得到更加严格的安全保障。采用先进的数据加密技术，对敏感数据进行加密存储和传输，同时建立严格的访问控制机制，限制对数据的非法访问和操作。定期对数据治理过程进行安全审计和风险评估，及时发现和纠正潜在的安全隐患和风险点，确保数据资产的安全可控。建立数据备份和恢复机制，确保在数据丢失或损坏时能够迅速恢复数据，保障业务的连续性和稳定性。加强员工安全意识培训，定期对员工进行数据安全意识和技能培训，提高员工对数据安全的认识和重视程度，减少因人为因素导致的数据安全风险。

1. 风险可控目标的内涵

其内涵包括风险评估与识别、风险应对策略、风险监控与报告三个方面。

在风险评估与识别方面，首先，需要对数据管理和使用过程中的潜在风险进行全面评估和识别。这包括对内部威胁（如员工误操作、内部欺诈）和外部威胁（如黑客攻击、数据泄露）的识别，以及对合规性风险（如违反法律法规、行业规范）的评估。

在风险应对策略方面，基于风险评估的结果，制定相应的风险应对策略。这可能包括加强数据加密、实施访问控制、定期备份和恢复数据、建立安全审计机制等，以降低风险发生的概率和影响。

在风险监控与报告方面，建立风险监控体系，持续跟踪和监控数据管理和使用过程中的风险情况。同时，定期向管理层报告风险状况，以便及时采取应对措施。

2. 风险可控目标的特点

其特点包括预防性、系统性、持续性三个部分。第一，预防性。风险可控目标强调预防为主，通过提前识别和评估潜在风险，制定应对策略，防止风险事件的发生。第二，系统性。风险可控目标的实现需要系统性的方法和流程，包括风险评估、应对策略制定、监控和报告等多个环节。第三，持续性。随着业务的发展和外部环境的变化，数据治理中的风险也在不断变化。对风险可控目标需要持续关注和调整，以适应新的风险挑战。

3. 风险可控目标的应用场景

在金融行业，风险可控目标尤为重要。金融机构需要确保客户数据的安全性，防止数据泄露和滥用。同时，金融机构还需要关注市场风险、信用风险等，以确保业务的稳健运营。在医疗健康领域，风险可控目标主要涉及患者隐私保护和医疗数据安全。医疗机构需要确保患者数据不被非法访问或泄露，同时保护医疗数据的完整性和准确性，以支持临床决策和医学研究。在零售与电商行业，风险可控目标涉及消费者隐私保护、支付安全、商品质量等多个方面。电商平台需要确保用户数据的安全性和隐私性，同时防止虚假交易和欺诈行为的发生。

四、隐私安全目标

数据治理需要确保数据的隐私和安全。这需要对敏感数据进行保护，并采取适当的安全措施，以避免数据被未经授权的人员访问或泄露。优化数据的访问和共享，制定适当的访问和共享政策，并运用相应的数据管理工具，以确保数据的可靠性和安全性。

企业数据安全体系建设是数据治理和信息生命周期管理的基础，通过对企业内部的数据全生命周期的盘点梳理，可以帮助确定企业数据所有权的适当分配及建立完善的权责制度，满足监管及合规要求。在企业数据治理过程中，数据安全能力的提高成为数据价值共享的关键，推动数据安全体系建设是企业数据治理的必要环节。企业根据数据资产对企业的重要程度，为数据打上不同的标签，对敏感数据进行分级分类，根据数据所属的级别，明确数据的使用范围、开放方式，不同等级的数据在不同场景使用不同的安全策略。企业可以采取数据泄露防护、加密、权限管理等技术手段，对企业机密数据提供进一步的保护，从而降低数据泄露带来的风险。

1. 隐私安全目标的内涵

隐私安全目标主要涵盖以下三个方面。第一，数据收集与处理。在数据收集和处理过程中，确保遵循最小必要原则，即只收集完成特定任务所必需的最少数据，并对数据进行脱敏或匿名化处理，以降低隐私泄露的风险。第二，数据存储与传输。采用加密技术存储和传输数据，确保数据在存储和传输过程中的安全性。同时，建立严格的数据访问控制机制，防止未经授权的访问和泄露。第三，数据共享与披露。在数据共享和披露前，进行严格的隐私影响评估，并确保遵循相关法律法规和行业标准。在数据共享与披露过程中，应采取适当的技术和管理措施，保护数据隐私。

2. 隐私安全目标的特点

隐私安全目标主要涵盖法律合规性、技术防护性、管理规范性三个方面。第一，法律合规性。隐私安全目标强调遵循相关法律法规和行业标准，如《中华人民共和国数据安全法》《中华人民共和国个人信息保护法》等，确保数据处理的合法性和合规性。第二，技术防护性。采用加密、访问控制、数据脱敏等先进技术手段，提高数据隐私保护的技术防护水平。第三，管理规范性。建立健全的数据隐私管理制度和流程，明确各环节的职责和权限，确保数据隐私保护工作的有序开展。

3. 隐私安全目标的应用场景

隐私安全目标在多个应用场景中发挥着重要作用。

在金融行业中，隐私安全目标涉及客户身份信息、交易记录等敏感数据的保护。金融机构需要确保这些数据不被非法获取或滥用，以维护客户的合法权益和金融机构的声誉。

在医疗健康领域，隐私安全目标主要涉及患者病历、检查结果等个人健康信息的保护。医疗机构需要确保这些信息不被泄露或滥用，以保护患者的隐私权和健康权益。

在社交媒体平台上，用户的个人信息、社交关系等数据是隐私安全保护的重点。社交媒体平台需要采取有效措施，防止用户数据被非法获取或滥用，以维护用户的隐私权和信任度。

五、价值实现目标

数据治理价值实现目标包括构建数据价值实现体系、提高数据的价值和利用率、促进数据资产化和实现数据价值。这需要对数据进行分析和挖掘，以发现数据中隐藏的价值和机会，从而支持业务决策和创新。数据治理还需要增强数据管理效率和效益。这需要优化数据管理流程和工具，并利用技术手段提高数据管理的自动化程度，从而提高数据管理的效率和效益。

数据治理的主要目标之一是推动数据有序、安全地流动，以便最大限度地挖掘和释放数据价值。数据流动则需要推动数据的开放分享，实现数据的汇聚、建模、共享。数据开放共享的核心在于数据汇聚，打破数据孤岛，实现数据价值的流通；重构数据获取及应用方式，重塑从数据供应到消费的链条；建立高效、规范的自助消费数据应用。数据治理可有效促进数据应用及数据共享，使更多的企业组织充分地使用已有数据资源，减少信息收集、数据采集等重复劳动和相应费用，而把精力重点放在开发新的数据应用及系统集成上。数据应用及共享可以为企业组织带来降低运营成本、增强业务能力、提高效率、集中访问数据以减少重复数据集、促进组织间的沟通与合作，以及加强参与组织之间的联系等益处。

1. 价值实现目标的内涵

价值实现目标主要涵盖以下四个方面。第一，数据质量提升。通过数据治理，提高数据的准确性、完整性、一致性和可用性，确保数据能够真实反映业务实际情况，为决策提供可靠依据。第二，数据价值挖掘。运用数据分析、挖掘等技术手段，从海量数据中提取有价值的信息和知识，为业务创新、产品优化、市场洞察等提供有力支持。第三，业务价值创造。通过数据治理，实现数据的跨部门、跨业务线共享和协同，促进业务流程优化、决策效率提升和成本降低，从而创造更多的业务价值。第四，社会价值提升。在遵守法律法规和伦理道德的前提下，通过数据治理推动数据公开、共享和开放，促进数据资源的合理利用和社会价值的提升。

2. 价值实现目标的特点

其特点包括长期性、系统性、创新性三个方面。第一，长期性。价值实现目标是一个长期的过程，需要组织持续投入资源和精力进行数据治理工作，逐步积累数据资产并实现其价值。第二，系统性。价值实现目标需要组织从战略高度出发，将数据治理纳入整体业务规划和管理体系中，通过系统性的措施和手段实现数据价值的最大化。第三，创新性。价值实现目标鼓励组织在数据治理过程中不断探索和创新，运用新技术、新方法提高数据治理的效率和效果，为业务创新和发展提供有力支持。

3. 价值实现目标的应用场景

价值实现目标在多个应用场景中发挥着重要作用。

在金融行业，价值实现目标涉及利用数据分析技术提升风险管理能力、优化信贷审批流程、提升客户服务体验等方面。通过数据治理，金融机构能够更好地把握市场趋势和客户需求，实现业务的精细化管理和创新发展。

在零售行业，价值实现目标主要体现在通过数据分析优化库存管理、提升供应链效率、个性化推荐等方面。通过数据治理，零售企业能够更准确地把握市场需求和客户偏好，提升销售效率和客户满意度。

在医疗健康领域，价值实现目标涉及利用数据分析提升医疗服务质量、优化医疗资源配置、推动医疗创新等方面。通过数据治理，医疗机构能够更好地整合和管理医疗数据资源，为患者提供更精准、高效的医疗服务。

六、国家治理现代化目标

在数字治理方面，通过数字技术的运用，推动国家治理的现代化。数字治理作为数字化进程的重要组成部分，已经成为国家治理现代化的重要手段和方法。数字技术的快速发展和深度应用，为国家治理现代化提供了新的动力。通过数字技术的运用，可以提高政府治理效率、优化社会资源配置、改善民生服务水平、促进经济社会发展，从而推动国家治理体系和治理能力现代化建设。

通过大数据分析、智能决策系统等手段，政府可以快速获取并处理大量的信息数据，提高决策的科学性和精准度，比如数字技术可以打破信息孤岛，实现政府部门之间的信息共享和协同办公，提升政府机构的运行效率，利用大数据分析了解社会需求和资源分布情况，实现资源的合理配置和利用，推动资源的精准配置和优化配置，提高社会资源的整体利用效率。通过建设数字化的公共服务平台，政府可以采取在线政务办理、网上服务等便民利民措施，让民众可以随时随地享受政府的便民服务，提升公共服务的智能化水平，为民众提供更加便捷、高效、个性化的服务体验，创造新的经济增长点，推动经济结构的优化升级。数字治理可以促进新技术、新产业的孵化和发展，带动就业增长，推动经济社会的可持续发展。

1. 国家治理现代化目标的内涵

国家治理现代化目标的内涵丰富，主要包括制度化、民主化、法治化、科学化、高效率五个方面：第一，制度化。强调国家权力运行和治理行为具有完善的制度安排和规范的程序，确保权力运行受到有效制约和监督。第二，民主化。保障主权在民、人民当家作主，权力运行和政策制定体现人民的意志和人民的主体地位，实现好、维护好、发展好人民群众的根本利益。第三，法治化。强调宪法和法律具有至高无上的权威，在法律面前人人平等，任何组织和个人不得有超越法律的权力，确保国家治理行为依法进行。第四，科学化。指国家机构设置科学、法律法规和各项政策科学，合乎国家治理的客观规律和客观要求，同时指国家运用科学手段实施治理。第五，高效率。强调国家机构高效运转，反应和处理问题快捷，企业和个人办事方便，国家治理具有很高的效能。

2. 国家治理现代化目标的特点

国家治理现代化目标的特点主要体现在以下几个方面：第一，系统性。国家治理现代化是一个系统工程，涉及政治、经济、文化、社会、生态文明等多个领域，需要各方面协同推进。第二，动态性。国家治理现代化是一个不断发展的过程，需要随着时代的变化和社会的进步不断调整和完善治理体系和治理能力。第三，人民性。国家治理现代化始终坚持以人民为中心的发展思想，把实现好、维护好、发展好人民群众的根本利益作为出发点和落脚点。

3. 国家治理现代化目标的应用场景

国家治理现代化目标的应用场景广泛，包括但不限于以下几个方面。

在政府治理方面，通过推动政府治理现代化，提高政府决策的科学性和民主性，优化政府服务流程，提升政府服务效率和公众满意度。

在经济发展方面，通过推动经济发展方式的转变和经济结构的优化升级，实现经济持续健康发展和社会全面进步。

在社会治理方面，通过加强社会治理体系和治理能力现代化建设，提高社会治理效能，维护社会稳定和和谐。

在生态文明建设方面，通过推动生态文明建设，加强环境保护和生态修复工作，实现经济社会发展与生态环境保护的良性循环。

第三节　数据治理的策略

考虑到数据治理工程的复杂性，目前学界提出的两种目的性不同的数据治理策略是拉式策略（Pull Strategy）和推式策略（Push Strategy）。

一、拉式策略

拉式策略是面向数据应用，以提升数据应用过程中的数据准确性为目标的数据治理建设策略。它强调在数据应用的过程中定位和解决问题，以数据应用项目为建设周期。

拉式策略具有以下三个特点。第一是自上而下。拉式策略通常以指标体系为起点，进行金字塔式自上而下的规划与建设，通过"数据流、业务流、信息流"的过程反向推动数据质量提升。第二是数据整合。它包括多系统的数据整合、拉通、清洗、处理，以及数据仓库建设和ETL开发过程。第三是数据应用。拉式策略面向数据应用，根据实际业务情况，主要解决数据指标定义标准不清晰、指标计算口径不统一、指标计算口径版本变更、数据不准确、数据上报与数据审核等数据应用场景出现的问题。

二、推式策略

推式策略是面向数据全生命周期的管理与控制，是一种体系化的数据治理建设策略。它强调体系化的计划、监督、预防与执行，包括多年计划的数据策略周期。

推式策略有以下三个特点。一是体系化和系统化。推式策略不针对某个单一的、具体的数据应用场景，而是一个全面体系化的治理过程。二是全生命周期。它贯穿于数据全生命周期的管理，例如数据采集、数据质量、数据应用、数据安全、数据分享等多个环节。三是立体策略。推式策略从数据治理策略（目标、范围、方法和组织）开始，通过专业的数据治理团队进行数据治理的规划、实施和监督，通过制定数据管理流程规范，从源头业务系统的构建到数据的分发、流转，包括数据安全策略与控制，最终贯穿数据资产管理、分析和挖掘的全生命周期过程。

三、策略比较

拉式策略以数据应用需求为起点，推式策略以标准规划为起点。两种策略在多个方面存在差异，如表 1-1 所示。

表 1-1　数据治理策略对比图

指标	策略	
	拉式策略	推式策略
项目时间分配	80% 的时间分配在数据消费端和处理端，以数据消费推动数据治理	80% 的时间分配在数据生产端，先数据治理后数据消费
数据治理范围	范围小，专注于治理被消费的问题数据	范围大，专注于治理数据生产端，即产生数据地方的问题
涉及企业流程	数量、范围可控的核心业务流程	企业各级别的几乎所有业务流程
外部参与程度	外部供应商配合参与程度低	需要外部供应商配合参与系统改造
项目实施成本	成本可控且试错成本低	成本较高且试错成本高
项目投入周期	周期短，通常以月为单位	周期长，通常以年为单位

考虑到当今企业面临的复杂环境，实施周期更短、治理成本更低的拉式治理策略更能及时满足企业数据消费的需求，是一种更灵活、更敏捷的数据治理方式。

四、拉式数据治理策略流程

拉式数据治理策略主要包括以下三个流程。

1. 基于指标体系的数据问题洞察流程

基于数据指标体系，以"数据流、信息流、业务流"的基本逻辑框架，在限定的范围内及时洞察数据质量问题的根源，并逆向推动业务信息化和业务管理的改善和提升（见图 1-1）。

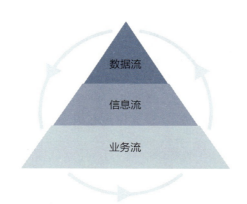

图 1-1　数据问题洞察基本框架图

数据问题的洞察过程可以分为五个步骤：第一步是企业内部的资料收集和需求调研；第二步是指标体系梳理；第三步是确认可视化原型设计方案；第四步是"数据流、信息流、业务流"的问题识别过程；第五步是暴露问题，形成数据质量提高待办。

数据问题洞察，本质上就是基于数据指标体系，以"数据流、信息流、业务流"为基本逻辑框架，在限定的范围内及时洞察数据质量问题的根源，并逆向推动业务信息化和业务管理的改善和提升。

数据流层面。企业数据问题的洞察始于数据流层面对指标体系的梳理。指标体系里包含指标和维度，指标即是目标，维度是数据的视角。在确定指标体系后，就需要标准化指标的定义与计算口径、计算逻辑，包括对不同计算口径的版本管理。在计算口径确认后，就需要顺着计算逻辑逐层向下追踪，查看数据能否被获取到。

信息流层面。如果在数据流层面出现了问题，比方说数据不能被获取到，那么问题很有可能出在信息流层面，例如信息系统建设存在问题导致数据没有被收集。在这种情况下，可以通过手动填报的方式补录数据，也可以在后续的阶段中完善信息系统的建设。这一过程体现了从数据流到信息流的分析，企业能够更深层次地洞察数据问题的本质，通过数据流暴露的问题来逆向推动未来信息流建设的完善，进而支撑更全面的指标体系。

业务流层面。数据流层面出现问题，排除信息流层面存在的信息系统建设问题，还有可能是业务流层面的管理问题导致的。例如同一个指标有不同的计算口径，这就不是信息系统的问题，而是管理自身的问题，是由部门间的冲突导致的。从数据流到业务流的分析，企业可以通过表层的数据问题洞察到自身业务流程上存在的弊端，从而逆向完善业务管理流程和管理边界。

在这种金字塔式的数据问题洞察方法下，通过阶段性、有限的指标体系框定了取数的来源范围，因此不会盲目地扩大数据治理的范围和目标。通过在限定的系统范围内洞察存在问题的数据，可以形成有针对性的数据治理策略，让问题聚焦。最后通过阶段性地识别问题、解决问题，可以由点到面、由浅及深，暴露的问题逐步解决，保障阶段性的建设成果。

2. 稳健的数据架构设计流程

拉式数据治理策略中的稳健数据架构设计流程，是确保数据质量、提升数据价值的关键步骤。以下是对该流程中数据仓库建模、合理的分层设计、ETL（Extract, Transform, Load，即抽取、转换、加载）过程开发三个核心环节的详细阐述，旨在通过精细的数据仓库建模、合理的分层设计以及高效的ETL过程开发，来构建一个既稳健又可扩展的数据架构。

数据仓库建模分为以下四个步骤。一是需求分析。需深入理解业务需求，明确数据使用的目的、范围以及预期的分析维度，包括与业务团队紧密合作，识别关键绩效指标（KPI）和所需的数据粒度。二是概念模型设计。基于需求分析，设计概念数据模型，如星形模型或雪花模型，以清晰展现数据之间的关系，重点是确定事实表、维度表及其关联方式，确保模型能够支持多维度、多层次的数据分析。三是逻辑模型设计。将概念模型细化为逻辑模型，定义表结构，字段属性（包括数据类型、长度、是否允许空值等）以及主键、外键关系，应充分考虑数据的规范化和反规范化，以平衡查询性能和数据冗余。四是物理模型设计。根据逻辑模型，设计数据库的物理存储结构，包括索引设计、分区策略、存储格式等，以优化查询性能和数据存储效率。

合理的分层设计分为以下四层。一是数据源层。负责整合不同来源的原始数据，如关系数据库、NoSQL 数据库、文件系统等，确保数据的完整性和时效性。二是贴源层（Operational Data Store，ODS）。对数据进行初步清洗和格式化，保留原始数据特征，为后续处理提供基础。三是数据仓库层（DW）。基于贴源层数据，构建面向主题的、集成的、时间相关的、非易失性的数据存储环境。这一层通常包括明细层（DWD）、汇总层（DWS）等，以支持不同力度的数据分析。四是数据应用层（DM/ADS）。根据业务需求，从数据仓库层抽取数据，构建面向特定应用场景的数据集市或应用数据存储，为前端报表、数据分析等提供服务。

ETL 过程开发分为以下四个方面。一是数据抽取。根据数据源类型和业务需求，设计高效的数据抽取策略，如定时抽取、事件触发抽取等，确保数据的及时性和准确性。二是数据转换。在数据进入仓库前，进行必要的清洗、格式化、聚合等操作，以符合数据仓库的模型要求，包括数据类型转换、缺失值处理、异常值检测与处理等。三是数据加载。将转换后的数据加载到数据仓库的相应层级中，确保数据的完整性和一致性，需考虑并发控制、事务管理以及错误处理机制，以提高 ETL 作业的稳定性和可靠性。四是监控与优化。建立 ETL 作业的监控体系，实时监控作业运行状态、性能指标及错误日志，定期进行性能调优和故障排查，确保 ETL 过程的高效运行。

3. 数据应用审核管控机制

在拉式数据治理策略中，建立面向高层管理的数据指标管控及审核机制，确保数据应用过程中关键数据必须经过有效审核，提升数据使用质量及数据准确性，以下是该机制深化设计的流程。

定义关键数据指标分为以下两步。一是识别关键业务指标。与业务团队紧密合作，识别出对业务决策至关重要的关键数据指标，能够反映业务绩效、市场趋势、客户行为等关键信息。二是确定数据质量标准。为每个关键数据指标设定明确的数据质量标准，包括数据的完整性、准确性、及时性和一致性等。

建立数据审核流程包括三个方面。一是设定审核节点。在数据上报和可视化分析的关键环节设定审核节点，确保数据在流向高层管理之前经过必要的审核。二是明确审核责任。指定专门的审核人员或团队负责数据审核工作，明确他们的职责和权限，审核人员应具备相应的数据分析和判断能力，能够对数据的准确性和质量进行有效评估。三是制定审核标准。根据数据质量标准，制定具体的审核标准和方法，包括数据比对、异常值检测、逻辑校验等，以确保数据的准确性和可靠性。

实施数据管控措施包括三个方面。一是数据权限管理。建立数据权限管理制度，确保只有经过授权的人员才能访问和修改关键数据，有助于防止数据泄露和篡改，保障数据的安全性。二是数据变更追踪。实施数据变更追踪机制，记录数据的修改历史，以便在数据出现问题时能够追溯原因并采取相应的纠正措施。三是定期数据审计。定期对关键数据进行审计，检查数据的完整性和准确性，将审计结果报告给高层管理，以便他们了解数据质量状况并进行决策。

提升数据使用质量包括数据培训与教育和数据可视化优化两个方面。一是数据培训与教育。加强对业务人员和数据分析师的数据培训和教育，增强他们的数据意识和分析能力，有助于减少数据错误和误用，提升数据使用质量。二是数据可视化优化。确保关键数据以直观、易懂的方式呈现给高层管理。这有助于他们更好地理解数据，并基于数据做出更明智的决策。

持续改进与优化包含反馈与改进和技术创新与应用两个方面。一是反馈与改进，建立数据应用反馈机制，收集高层管理和业务人员对数据质量和准确性的反馈意见，并根据反馈意见，持续改进数据审核流程和管控措施。二是技术创新与应用。关注数据治理领域的最新技术和发展趋势，积极引入新技术和方法来优化数据审核和管控流程，例如，利用人工智能和机器学习技术来提高数据审核的效率和准确性。

第四节　数据治理的体系框架

目前，学术界与业界的数据治理体系框架有两种。第一种是由国际数据管理协会（DAMA）提出的 DMBOK 框架（数据管理知识体系）；第二种是由国际数据治理研究所（DGI）于 2004 年提出的 DGI 框架。

一、DAMA-DMBOK 框架

1.DAMA-DMBOK 框架的概念及特点

DAMA-DMBOK 框架是国际数据管理协会提出的一种数据治理框架。DAMA 是一个全球性数据管理和业务专业志愿人士组成的非营利协会，致力于数据管理的研究和实践。DAMA-DMBOK 框架通过定义一系列数据管理职能领域，为组织提供了一个系统化的数据治理方案。

DAMA-DMBOK 框架的特点体现在五个方面，分别是：全面性、结构化、实践性、灵活性和强调数据治理的核心地位。

全面性指的是 DAMA-DMBOK 框架涵盖了数据管理的多个方面，包括数据治理、数据架构管理、数据开发、数据操作管理、数据安全、数据质量、参考数据和主数据管理、数据仓库及商务智能、文件和内容管理以及元数据管理等。这些职能领域共同构成了一个完整的数据管理体系，确保了数据在整个生命周期中得到全面且有效的管理。

结构化是指 DAMA-DMBOK 框架将数据管理职能领域进行了清晰的划分，每个领域都有其独特的定义、目标、核心活动和最佳实践，这种结构化的划分有助于组织更好地理解数据管理的各个方面，并制定相应的管理策略和流程。

实践性是指 DAMA-DMBOK 框架不仅提供了理论指导，还强调了实践应用。它包含了大量基于实际案例的最佳实践和建议，帮助组织在实施数据治理时能够更加顺利地推进。此外，该框架还提供了实施指南和评估方法，以便组织能够对其数据管理实践进行持续改进和优化。

灵活性指的是 DAMA-DMBOK 框架允许组织根据自身的业务需求和实际情况进行定制和调整。不同的组织可以根据自己的特点和需求选择适合的职能领域和最佳实践进行应用，以实现最佳的数据管理效果。

强调数据治理的核心地位具体来说是在 DAMA-DMBOK 框架中，数据治理被赋予了核心地位。它不仅是数据管理的关键组成部分，还是确保数据管理实践有效实施的重要保障。数据治理通过定义角色和职责、制定数据政策、确保数据质量和完整性等措施，为组织的数据管理活动提供了指导和监督。

2.DAMA-DMBOK 框架的十个职能域

DAMA-DMBOK 框架定义了十个职能域，用于指导组织的数据管理职能和数据战略的评估工作，并建议和指导刚起步的组织去实施和提升数据管理。

战略与治理层的职能域是数据治理，数据资产管理的权威性和控制性活动（规划、监视和强制执行），数据治理是对数据管理的高层计划与控制。

架构与设计层的职能域为数据架构管理，定义企业的数据需求，并设计蓝图以便满足这一需求。该职能包括在所有企业架构环境中，开发和维护企业数据架构，同时也开发和维护企业数据架构与应用系统解决方案、企业架构实施项目之间的关联。

开发与操作层的职能域有两个：一是数据开发职能域，为满足企业的数据需求，设计、实施与维护解决方案，也就是系统开发生命周期（SDLC）中以数据为主的活动，包括数据建模、数据需求分析、设计、实施和维护数据库中数据相关的解决方案；二是数据操作管理职能域，对于结构化的数据资产在整个数据生命周期（从数据的产生、获取到存档和清除）进行的规划、控制与支持。

质量与安全管理层的职能域有两个：一是数据安全管理职能域，规划、开发和执行安全政策与措施，提供适当的身份以确认、授权、访问与审计；二是数据质量管理职能域，运用质量管理的技术来衡量、访问、提高和确保使用数据适当性的规划、实施与控制活动。

资产与信息管理层的职能域有四个：一是参考数据和主数据管理职能域，负责规划、实施和控制活动，以确保特定环境下的数值的"黄金版本"；二是元数据管理职能域，为获得高质量的、整合的元数据而进行的规划、实施与控制活动；三是数据仓库和商务智能管理职能域，规划、实施与控制过程，给知识工作者们在报告、查询和分析过程中提供数据和技术支持；四是文档与内容管理职能域，规划、实施和控制在电子文件和物理记录中发现的数据储存，保护和访问问题（见图1-2）。

图1-2　DAMA-DMBOK框架的十个职能域

二、DGI 框架

1.DGI 框架的概念及特点

DGI 是业内最早、最知名的研究数据治理的专业机构。DGI 于 2004 年推出 DGI 框架，为企业根据数据做出决策和采取行动的复杂活动提供新方法。该框架认为，企业决策层、数据治理专业人员、业务和利益干系人及 IT 领导者可以共同制定决策和管理数据，从而实现数据的价值，最小化成本和复杂性，管理风险并确保数据管理和使用遵守法律法规与其他要求。DGI 框架的设计采用"5W1H"法则，将数据治理分为人员与治理组织、规则、流程三个层次，共十个组件：数据利益干系人、数据治理办公室和数据管理员；数据治理的愿景、数据治理的目标、评估标准和推动策略；数据规则与定义、数据的决策权、数据的职责、数据的控制、数据治理流程（见图 1-3）。

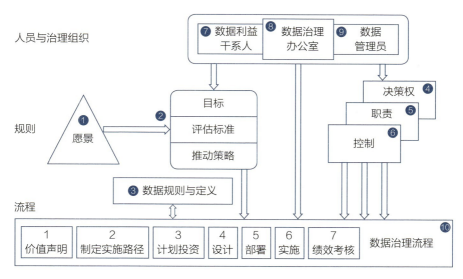

图 1-3 DGI 框架

2."5W1H"法则在数据治理模型中的应用

（1）WHO：谁参与数据治理

数据治理的主体一般包括以下三类。第一类是数据利益干系人，就是可能会影响或受到所讨论数据影响的个人或团体，例如某些业务组、IT团队、数据架构师、数据库管理员等，他们对数据治理会有更加准确的目标定位。通过明确各个干系人的职责和目标，企业可以更好地协调各方资源，提升数据治理的效率和效果。数据治理不仅仅是技术问题，更是业务问题，需要业务和技术团队的紧密合作，共同推动数据治理的实施和优化。第二类是数据治理办公室，是指促进并支持数据治理的相关活动，例如阐明数据治理的价值，执行数据治理程序，收集及调整政策、标准和指南，支持和协调数据治理的相关会议，为数据利益干系人开展数据治理政策的培训、宣贯等活动。第三类是数据管理员，很多企业的数据治理委员会可能会分为几个数据管理小组，以解决特定的数据问题。数据管理员负责特定业务域（如营销域、用户域、产品域等）的数据质量监控和数据的安全合规使用，并根据数据的一致性、正确性和完整性等质量标准检查数据集，发现并解决问题。

（2）WHAT：数据治理的作用

数据治理的作用包括以下四方面：一是数据规则与定义，侧重业务规则和数据标准的定义，例如数据治理相关政策、数据标准、合规性要求等。数据规则与定义是数据治理的基础。通过制定统一的数据标准和规则，企业可以确保数据的一致性和可靠性，减少数据管理中的混乱和冲突。同时，明确的数据规则与定义还可以帮助企业满足合规性要求，防止数据违规使用。二是数据的决策权，侧重数据的确权，明确数据归口和产权，为数据标准的定义、数据管理制度、数据管理流程的制定奠定基础。三是数据的职责，侧重数据治理职责和分工的定义，明确谁应该在什么时候做什么。通过明确职责，企业可以确保数据治理任务的有效落实，提高数据治理的执行力和效率。四是数据的控制，侧重采用措施来保障数据的质量和安全，以及数据的合规使用，制定和实施一系列措施，确保数据的准确性、一致性和完整性。数据安全控制，即通过安全措施保护数据不受未经授权的访问和篡改，例如数据加密、访问控制等，保障数据的机密性和完整性。数据合规性控制，即确保数据治理活动符合法律法规和企业内部的管理要求，以避免法律风险。例如，定期进行合规性审计，确保数据处理过程符合法规要求。

（3）WHEN：何时开展数据治理

当以下四种情况之一发生时，组织需要从非正式治理转向正式数据治理：第一，组织变得如此庞大以至于传统管理无法解决数据相关的跨职能活动；第二，组织的数据系统变得如此复杂以至于传统管理无法解决数据相关的跨职能活动；第三，组织的数据架构师、SOA 团队或其他横向聚焦的团队需要跨职能项目的支持，这些项目采用企业而非孤立的视角来考虑数据关注点和选择；第四，法规、合规性或合同要求正式数据治理。

（4）WHERE：数据治理处于何位

在 DGI 框架中，强调明确当前企业数据治理的成熟度级别，找到企业与先进标杆的差距是确定数据治理目标和策略的基础。

企业需要明确数据治理在整个组织结构中的定位，包括数据治理的职责归属、资源配置和管理机制，以在组织内部建立明确的职责分工，确保数据治理活动得到有效支持。评估企业当前的数据治理成熟度是确定改进方向的重要步骤，通过成熟度评估，企业可以识别出自身在数据治理方面的优势和不足，明确需要提升的具体领域。

与行业内的先进标杆进行对比分析，找出企业在数据治理方面的差距。这种分析有助于企业制订切实可行的改进计划，逐步缩小与先进企业的差距，提升自身的数据治理水平。DGI 框架还强调数据治理的持续改进和扩展性。随着企业的数据量和复杂性的增加，数据治理需要不断适应新的挑战。企业应建立灵活的数据治理机制，确保数据治理能够随着业务发展和技术进步不断优化和提升。

（5）WHY：为什么需要数据治理框架

数据治理框架是指组织中管理数据资产的一系列政策、程序、标准和指标，有助于整理和表达复杂或不明确的概念。通过实施正式的数据治理框架，业务、IT、数据管理等各个领域的相关方能够明确共同的思路和目标。此外，数据治理框架可帮助管理层做出具有长期影响的决策，有助于就"决策的决策方式"达成共识，使得规则的制定更高效，确保规则的遵守，并有效处理违规行为、模糊事项和各种问题。

数据治理的愿景有三个：一是确保数据管理规则的一致性和连贯性，减少数据管理中的冲突和混乱；二是为数据的利益干系人提供持续的、跨职能的保护和服务，通过数据治理，保护数据利益干系人的权益，确保数据的可靠性和安全性；三是解决因违反规则而产生的问题，通过制定和执行数据管理规则，及时发现和解决数据管理中的问题，防止数据违规使用和处理。

数据治理的目标应可量化、可衡量、可操作，并且要服务于企业的业务和管理目标，例如：增加利润提升价值；管控成本的复杂性；控制企业的运营风险等。同时，不同组织的数据治理方案应有所侧重，一般企业的数据治理应涵盖以下六个侧重点中的一个或多个：一是致力于政策、标准、战略制定的数据治理，制定和实施符合企业战略的政策和标准，确保数据治理活动与企业目标一致；二是致力于质量的数据治理，通过数据治理，提高数据的准确性、一致性和完整性，确保数据能够支持业务决策和运营；三是致力于隐私、合规、安全的数据治理，保护数据隐私，确保数据治理活动符合法律法规要求，防止数据泄露和滥用；四是致力于架构、集成的数据治理，建立统一的数据架构，整合各类数据资源，提高数据的可用性和共享性；五是致力于数据仓库与商业智能的数据治理，通过数据仓库和商业智能技术，挖掘数据价值，支持业务分析和决策；六是致力于支持管理活动的数据治理，通过数据治理，支持企业的管理活动，提高管理效率和决策水平。

（6）HOW：如何开展数据治理

DGI框架中描述了数据治理项目的全生命周期中的重要活动。DGI将数据治理项目的生命周期划分为如下七个阶段：数据治理价值声明、数据治理确定路径、数据治理计划与资金准备、数据治理策略设计、数据治理策略部署、数据治理策略实施以及数据治理监控、评估和报告。

数据治理价值声明要求要明确数据治理的价值和目标，确保所有利益干系人对数据治理的重要性达成共识。在数据治理项目启动前，企业需要明确数据治理的价值，这可以帮助获得高层管理的支持和资源。通过清晰的数据治理目标，确保数据治理活动有明确的方向和衡量标准。

数据治理确定路径要求制定数据治理的总体路线图，明确实现数据治理目标的步骤和路径。确定数据治理的路径有助于规划整个项目的实施步骤，确保各个环节有序进行。一个清晰的路线图可以指导数据治理项目的实施，避免资源浪费和时间拖延。

数据治理计划与资金准备要求制订详细的实施计划，包括时间表、资源分配和资金预算等。详细的计划和资金准备是确保数据治理项目顺利推进的基础。企业需要根据项目需求，合理分配资源和预算，确保数据治理活动有充足的支持。

数据治理策略设计是指设计具体的数据治理策略，包括数据管理政策、标准和流程等。策略设计是数据治理的核心，通过制定详细的策略，企业可以确保数据治理活动有章可循。策略应包括数据的采集、存储、处理和使用等各个环节，确保数据的质量和安全。

数据治理策略部署是将设计好的数据治理策略付诸实施，确保策略在实际操作中得到应用，将设计转化为实际操作的关键步骤。企业需要确保策略在各个业务单元和部门得到执行，并通过培训和沟通，提升全员的数据治理意识。

数据治理策略实施是在实际业务中执行数据治理策略，监控数据治理活动的效果。实施阶段需要持续监控和评估数据治理活动的效果，确保策略的执行符合预期目标。通过反馈和调整，及时改进数据治理实践，提高数据治理的效率和效果。

数据治理监控、评估和报告是要对数据治理活动进行持续的监控和评估，定期报告数据治理的成果和问题。监控和评估是数据治理的闭环管理，通过定期报告和审计，企业可以及时发现和解决数据治理中的问题，确保数据治理的持续改进和优化。

> ✎ **小贴士**
>
> ### 美国数据治理概览
>
> 在当今全球数字化浪潮中，数据已成为驱动经济社会发展的新引擎。数据不仅是国家治理的重要工具，更是关乎国家安全和国际竞争力的关键因素。美国在数据要素市场化方面展现出了领先的治理模式和措施。
>
> #### 一、美国"金字塔"式的数据治理机制
>
> 为维护美国自身在数字领域的守成国优势，长期以来，美国形成了一套较为完整的"金字塔"式的数据治理机制。具体而言，这个数据治理机制包括"塔尖"式的顶层设计，"塔中"式的中层衔接和"塔基"式的基层实践三个层面。
>
> 1. 美国数据治理的顶层设计
>
> 顶层设计是美国数据治理机制的核心，它涉及国家层面的战略部署和政策制定。
>
> 在国家战略部署层面，美国自奥巴马执政时期就开始重视大数据领域的国家战略部署。例如，2012 年 3 月，奥巴马政府颁布了《大数据研发倡议》，这是美国历史上首个以大数据研发为核心的国家级战略。此后，美国陆续发布了《数字政府：构建一个 21 世纪平台以更好地服务美国人民》《联邦大数据研发战略计划》等一系列重要文件，旨在推动大数据在政府和关键行业的应用。
>
> 在政策制定层面，美国政府通过制定一系列政策来指导和规范数据治理活动。例如，2019 年 1 月，特朗普政府签署了《循证决策基础法案》，旨在为联邦政府建立现代化的数据管理实践，提升统计效率，为政府决策提供关键信息。
>
> 2. 美国数据治理的中层衔接
>
> 美国数据治理的中层衔接是指数据治理战略的关键环节，主要包括政策协调机构、数据管理、法律和监管框架、技术能力建设四个方面。

在政策协调机构方面，美国白宫行政管理和预算办公室下设的数据委员会，既负责协调联邦数据战略的实施，也负责通知数据管理和使用的预算优先事项。这类机构还可以发挥重要的咨询作用，确保数据战略采用风险管理方法，预测和应对出现的政策挑战。2019年1月，时任总统特朗普正式签署《循证决策基础法案》。该法案旨在为联邦政府建立现代化的数据管理实践、证据构建功能，提升统计效率，从而为政府决策提供关键信息。美国政府通过循证决策得以更好地整合和利用数据，重视数据研究及数据共享，在公共部门内建立一个更成熟的数据治理生态系统，协助解决跨部门的潜在风险，从而提高政府的有效性。

在数据管理方面，美国政府通过设立首席数据官、机构网络和数据管理等方式来加强数据治理。首席数据官负责监督和指导政府数据的管理工作，确保数据的质量、安全和合规性。

在法律和监管框架方面，美国构建了完善的法律和监管框架来保障数据治理的有效实施。例如，通过立法确保个人隐私数据安全，防止数据滥用和泄露。

在技术能力建设方面，美国政府重视数据治理的技术能力建设，通过培训和提高人员专业素养来推动数据治理工作的顺利开展。技术能力更是数据治理机制良性运转的核心要素。在数据治理的早期阶段，政府需要通过专门的培训提高人员的专业素养，以便后期工作的顺利开展。

3. 美国数据治理的基层实践

美国数据治理的基层实践是数据治理的基础环节，主要包括数据价值循环、国家数据基础设施和架构两个方面。

数据价值的创造过程是一个完整的周期。它反映了整个政策提出、修订、实施、评估的全过程。不同的参与者可以为数据价值的增加做出不同的贡献。例如，政府高质量数据生成的举措，有助于后期数据操作性、共享性和开放性的提高；数据价值周期流程的科学评估，有助于确保数字化和数据驱动的转型，避免数字世界低效流程的延续。此外，政府还大力推动公共部门和非公共部门之间的人才流动。政府职员、学者、民众之间的有效交流能够促进数据治理实践的完善，帮助政府应对关键挑战，尤其是关于个人健康记录等敏感数据的访问等领域。

国家数据基础设施和架构是数据治理的基本依托。这一环节往往最具挑战性。美国数据基础设施和架构在存量上具有明显优势，但是在增量上与后发国家相比并不突出。先进的国家数据基础设施和架构可以帮助推进跨机构、跨部门和跨边界的数据共享和管理实践，从而为交付更好的公共服务奠定基础。在这方面，美国旨在通过加强战略部署、重视核心技术研究来提升基础设施复原力，从而维持其在数据基础设施领域的主导地位。

二、美国 B2G 数据共享

B2G 数据共享（Business-to-Government Data Sharing）是指出于维护公共利益的目的，私营部门或其他民间社会组织和个人向公共部门提供其数据或数据产品的协作形式。

1. 背景与意义

在信息时代，数据已成为推动社会发展和国家治理的关键生产要素。美国作为信息技术的重要创新者和引领者，很早就开始重视数据共享的重要性。B2G 数据共享有助于政府更科学、更具效益地进行决策，提高社会治理和公共服务水平。例如，地理信息数据、社交平台数据等对于企业了解公众行为和生活模式至关重要，有助于政府应对交通、能源、环境、医疗等方面的社会挑战。

2. 实践模式

B2G 数据共享的实践模式包括合作类型和运行方式两种。

（1）合作类型

政府直接向企业购买数据服务，即政府出于特定决策或研究需要，直接向企业购买数据服务。这种方式通常涉及明确的数据购买合同和费用支付，政府能够更直接、高效获取所需数据，要求企业具备提供高质量数据的能力。

企业与政府签订长期或短期的数据共享协议，明确双方的权利和义务，共同开发数据产品，稳定合作，双方能够共享数据带来的价值，建立信任机制，确保数据安全和隐私保护。例如，政府与医疗科技企业签订数据共享协议，共同开发公共卫生监测系统，提高疾病预防和应对能力。运行方式：在实践中，美国政府通过建立数据共享平台、制定数据共享标准和协议等方式，推动 B2G 数据共享的有效实施。这些平台通常具有数据整合、分析、可视化等功能，为政府决策提供了有力支持。

（2）运行方式

政府建立专门的数据共享平台，作为企业和政府之间数据共享的主要渠道，完成数据整合、分析、可视化等，为政府决策提供有力支持。例如，美国联邦政府的 Data.gov 平台，汇集了来自政府各部门的数据资源，供企业和公众使用。

政府制定数据共享的标准和协议，明确数据格式、质量、安全、隐私保护等方面的要求，确保数据共享的规范性、安全性和有效性，降低企业和政府之间的合作成本。例如，美国政府发布的《开放政府数据法案》，要求政府公开非敏感数据，并制定了相应的数据共享标准和协议。

政府通过立法手段保障和促进 B2G 数据共享，如制定数据保护法、隐私法等，为数据共享提供法律保障，明确各方责任和义务，降低法律风险。例如，美国加利福尼亚州的《消费者隐私法案》（CCPA），对企业在收集、使用、共享个人数据方面的行为进行了严格规范。

政府推动不同部门之间的合作与协调，确保数据共享的顺畅进行。打破部门壁垒，实现数据资源的共享和整合；提高政府决策的科学性和准确性。例如，美国政府成立的跨部门数据共享工作组，负责协调不同部门之间的数据共享工作。

3. 典型案例

美国 B2G 数据共享的典型案例之一是美国联邦政府与医疗科技企业之间的数据共享合作。这一案例不仅体现了 B2G 数据共享的重要性，还展示了如何通过数据共享提升公共卫生服务质量和政府决策水平。

（1）案例背景

随着医疗科技的飞速发展，医疗数据成为提升公共卫生服务质量、优化医疗资源配置、加强疾病防控的关键要素。美国政府认识到医疗数据的重要性，积极推动与医疗科技企业之间的数据共享合作，以提升公共卫生服务质量和政府决策水平。

（2）合作内容

在这一案例中，美国联邦政府与多家医疗科技企业签订了数据共享协议。这些企业涵盖了医疗设备制造商、医疗软件开发商、医疗数据分析公司等多个领域。协议内容主要包括以下四个方面：第一，明确共享的医疗数据类型，如患者病历信息、医疗设备使用数据、医疗研究数据等，这些数据对于提升公共卫生服务质量、优化医疗资源配置、加强疾病防控具有重要意义；第二，确定数据共享的具体方式，如通过政府建立的数据共享平台进行数据交换、定期提交数据报告等，这些方式确保了数据共享的高效性和安全性；第三，明确政府和企业在共享数据中的使用权限，确保数据在合法、合规的范围内使用，政府主要利用这些数据进行公共卫生决策、疾病防控策略制定等，企业则利用这些数据进行产品研发、市场分析等；第四，严格遵守数据隐私保护法律法规，确保共享数据的安全性和隐私性，政府和企业都采取了严格的数据加密、访问控制等措施，防止数据泄露和滥用。

（3）案例成果

通过这一 B2G 数据共享合作，美国联邦政府和医疗科技企业取得了显著的成果。第一，提升了公共卫生服务质量。政府利用共享的医疗数据，能够更准确地了解公共卫生状况，制定更有效的疾病预防和控制策略。同时，企业也能够根据市场需求开发出更加符合公共卫生需求的医疗产品和服务。第二，优化医疗资源配置。通过共享医疗设备使用数据、医疗研究数据等，政府能够更合理地规划医疗资源配置，提高医疗资源利用效率。例如，根据医疗设备使用数据，政府可以优化医疗设备的采购和分配计划，根据医疗研究数据，政府可以引导医疗机构开展更加有效的临床研究和应用。第三，加强疾病防控能力，共享的医疗数据为政府提供了宝贵的疾病防控信息来源。政府可以利用这些数据监测疾病流行趋势、评估防控措施效果等，从而加强疾病防控能力。

第二章

数据战略

▶▶▶

　　数据战略作为企业数字化转型的核心组成部分，涵盖了多个关键方面以确保数据资产的有效利用和最大化价值创造。具体而言，数据战略主要包括三种类型：决策领先型数据战略，侧重于通过高级数据分析支持管理层做出更加精准、数据驱动的决策；运营领先型数据战略，着力于优化内部运营流程，利用数据提升效率、降低成本并增强业务灵活性；数据变现型数据战略，探索将数据直接转化为新的收入来源，如数据产品、数据服务或通过数据交易实现价值。

　　此外，成功实施这些数据战略还需遵循一套系统的数据战略实施步骤，包括明确战略目标、评估现有数据资源、设计数据架构与治理体系、选择合适的技术工具与平台、执行数据集成与分析项目，以及持续监控与评估战略效果，以确保数据战略能够与企业整体战略紧密结合，推动企业实现可持续发展与竞争优势。

第一节　决策领先型数据战略

决策领先型数据战略是一种通过高级数据分析来支持组织做出更加精准、数据驱动的决策的战略。这种战略的核心在于利用数据洞察市场趋势、识别业务机会、评估风险，并据此制定有效的决策，以推动企业的持续发展。

一、战略核心与目标

决策领先型数据战略的核心在于将数据作为企业的核心资产，通过深度挖掘和分析，转化为决策的智慧源泉。它强调数据的质量、时效性和相关性，确保决策基于最准确、最全面的信息。

1. 战略核心

决策领先型数据战略不仅关注数据的采集和存储，更强调数据的质量、时效性和相关性，确保决策基于最准确、最全面的信息。通过构建强大的数据基础设施和先进的分析工具，企业能够实时获取和处理数据，从而在动态变化的市场环境中迅速做出反应。

在这一战略中，数据治理与管理尤为重要。高质量的数据不仅需要有效的收集，还需要通过严格的标准化、清洗和验证过程，确保数据的可信度。企业应建立专门的团队负责数据质量管理，制定相应的政策和流程，以确保数据的准确性和完整性。

2. 战略目标

决策领先型数据战略的目标包括四个方面。一是提高决策效率，缩短决策周期，减少决策过程中的不确定性和延误。二是优化决策质量，基于数据洞察，制订更加科学、合理的决策方案，降低决策风险。三是促进业务创新，通过数据分析发现新的市场机会和业务模式，推动企业持续创新。四是增强竞争优势，利用数据洞察市场趋势和竞争对手动态，制定针对性的竞争策略。

提高决策效率。在快速变化的商业环境中，时间就是竞争力。通过自动化数据分析和实时报告，决策领先型数据战略可以显著缩短决策周期。企业能够快速访问相关数据，减少在数据收集和分析阶段的时间延误，从而使管理层能够更迅速地做出响应。通过建立清晰的决策流程和工具，确保决策者能够快速获取所需的信息，避免在信息不对称的情况下做出决策。

优化决策质量。基于数据洞察，决策领先型数据战略致力于提高决策的科学性和合理性。通过对历史数据和实时数据的深入分析，管理层可以更准确地识别市场趋势和客户需求。这一过程不仅涉及定量分析，还涉及定性分析，如客户反馈和市场调研。通过多维度的数据视角，企业能够制订出更加合理的决策方案，降低决策风险，从而提升整体的业务表现。

促进业务创新。数据不仅可以用于描述过去的业务表现，还可以帮助企业预测未来的市场动向。决策领先型数据战略通过数据分析发现新的市场机会和潜在的业务模式，推动企业持续创新。例如，通过对消费者行为数据的分析，企业可以识别出未被满足的需求，从而开发出新产品或服务。此外，数据分析还可以帮助企业评估新产品的市场接受度，降低创新过程中的不确定性。

增强竞争优势。在竞争激烈的市场中，企业需要通过数据洞察来制定针对性的竞争策略。决策领先型数据战略能够帮助企业洞察市场趋势和竞争对手的动态，使企业能够及时调整战略，以应对外部变化。例如，通过分析行业数据和竞争对手的销售数据，企业可以识别出市场份额的变化，并据此制定出优化的营销策略，增强自身的市场地位。此外，数据分析还可以帮助企业识别客户偏好的变化，从而提高客户满意度和忠诚度。

二、关键要素与实施步骤

决策领先型数据战略的成功实施，其核心在于一系列精心设计的步骤。这些步骤不仅是战略关键要素的具体体现，更是实施路径的具体化，包括数据准备阶段、数据分析阶段、决策制定阶段以及决策的执行与监控阶段。这一系列步骤紧密相连，共同构成了决策领先型数据战略实施的成功框架。

1. 决策领先型数据战略的关键要素

决策领先型数据战略的核心在于其能够为企业提供前瞻性的指导，确保在复杂多变的市场环境中始终保持竞争优势。这一战略的成功实施，其关键要素构成了整个战略实施的坚固基石，主要涵盖了数据治理体系、数据分析能力和决策支持系统三个方面。

数据治理体系的建立是实施战略的首要环节。其主要任务包括制定数据质量标准、数据安全策略等，通过设立专门的数据治理委员会，负责监督数据质量，确保数据的一致性和安全性。此外，建立数据质量监控机制至关重要，应定期对数据进行质量检查和评估，及时发现并纠正数据问题。还应当加强数据的安全防护，包括数据加密、访问控制、数据备份等，确保数据在存储、传输和使用过程中的安全性。

数据分析能力的培养则需要组建一支具备专业数据分析能力的团队。团队成员应掌握统计学、机器学习等相关知识，并熟悉各种数据分析工具和编程语言。同时，团队成员需不断学习和掌握新的数据分析方法和工具，如数据挖掘、预测分析、可视化分析等，以提高数据分析的效率和准确性。通过实际项目和数据分析案例的实践，团队可以进一步锻炼数据分析能力，积累实战经验。

决策支持系统的构建是实现数据战略的重要技术保障。该系统应利用人工智能和大数据等前沿技术，根据用户需求和场景，提供定制化的数据分析和决策建议。同时，决策支持系统的界面应通过直观的图表、可视化等方式，展示数据分析结果和决策建议，以帮助管理层快速理解并做出决策。此外，决策支持系统还需根据用户反馈和实际需求，不断优化和更新其功能与性能，确保其始终符合业务发展的需要。

2. 决策领先型数据战略的实施步骤

决策领先型数据战略的成功实施，关键在于一系列精心规划且紧密衔接的步骤，这些步骤是战略核心要素的具体体现。首要环节是数据准备，确保所用数据的准确性、完整性和时效性。紧接着是数据分析阶段，为决策提供科学依据。最终，基于深入的数据洞察，进入决策制定环节，这一步骤要求制定出前瞻性强、针对性明确的决策。

数据准备阶段首先要从各个业务系统和数据源中收集数据，确保数据的完整性和准确性。收集到的数据需进行清洗和整合，提高数据质量，并将不同来源的数据进行整合，形成统一的数据视图。根据业务需求和数据量大小，建立数据仓库或数据湖，为数据分析提供稳定、高效的数据存储和查询环境。这一阶段的成功直接影响后续分析和决策的有效性。

在数据分析阶段，利用统计学原理和方法，对数据进行描述性统计、推断性统计等分析，揭示数据的分布规律、趋势和关联关系。采用机器学习算法和模型，对数据进行深度挖掘，将分析结果以易于理解的方式呈现出来。同时，对分析结果进行详细解释和说明，帮助管理层更好地理解数据背后的故事和含义，为决策奠定科学基础。

决策制定环节是根据数据分析结果和业务需求，制订具体的决策方案。针对同一问题或目标，团队需要制订多个决策方案，并进行比较和评估。通过对比分析各方案的优缺点和风险收益等，选择最优的决策方案。将制订的决策方案提交给相关领导或决策机构进行审批和确认，以确保方案的合理性和可行性，并争取相关方的支持与配合。

最后是决策执行与监控阶段。在这一阶段，需对决策方案的执行情况进行持续监控和跟踪。通过定期汇报、检查等方式，了解各项任务的进展情况及存在的问题。根据监控结果和实际情况，及时调整决策方案。对于执行过程中出现的问题和风险，需迅速采取措施进行应对和解决，确保决策目标的实现。通过有效的监控与调整，企业能够不断优化决策执行过程，提高整体业务运营效率。

三、决策领先型数据战略的技术支撑

技术支撑是决策领先型数据战略得以高效实施并发挥最大效用的核心驱动力。在当今数据驱动的商业环境中，企业需要依赖先进技术来优化决策过程，提升运营效率。其中，几项关键技术的深入应用尤为重要，主要包括大数据处理技术、云计算技术以及人工智能技术三个方面。

1. 大数据处理技术

大数据处理技术作为处理现代企业中海量、高维度数据的利器，已经成为数据战略成功实施的重要基石。通过采用分布式计算、并行处理等先进技术手段，这一技术不仅提高了数据的高效采集、存储、处理和分析能力，还为决策制定提供了坚实的数据支撑。

在大数据处理的过程中，企业能够实时捕捉不同来源的数据，包括社交媒体、客户反馈、市场趋势等信息。这一技术的应用，使得企业能够在短时间内从庞大的数据集中提取出有价值的信息。这种快速处理能力，使企业可以及时应对市场变化，做出更为精准的决策。例如，通过对销售数据和客户行为数据的综合分析，企业可以识别出潜在的市场机会和客户需求，从而优化产品和服务。

此外，大数据处理技术还通过数据挖掘和分析，帮助企业深入了解客户偏好和市场动态，进而制定更具针对性的营销策略。企业可以利用实时数据监控系统，跟踪市场表现，及时调整决策，以保持竞争优势。

2. 云计算技术

云计算技术以其高度的灵活性和可扩展性，为决策领先型数据战略提供了强大的基础设施支持。通过云计算平台，企业能够按需获取几乎无限的计算和存储资源，轻松应对数据分析和决策支持系统在运行时可能遇到的大规模数据处理需求。

云计算的优势在于其成本效益和可访问性。企业无须进行大量的前期投资购置昂贵的硬件设施，而是可以通过云服务提供商按需支付，降低 IT 成本。这使得企业能够将资源集中于核心业务发展，而非 IT 基础设施的维护上。此外，云计算平台的高可用性和弹性，确保了系统在高负载情况下的快速响应和可靠性，从而为决策提供实时支持。

更重要的是，云计算的分布式特性使得企业可以将数据存储和处理的任务分散到多个服务器上，从而提高了数据处理的速度和效率。在决策制定过程中，决策者可以随时随地访问和分析数据，提高决策的灵活性和响应速度。

3. 人工智能技术

人工智能技术的飞速发展，特别是在机器学习和深度学习等领域的突破，为数据分析带来了前所未有的智能化水平。这些技术能够自动学习数据中的复杂模式和规律，发现那些传统分析方法难以捕捉到的隐藏信息，从而为企业提供更精准、更深入的洞察。

通过人工智能技术的辅助，企业可以快速识别市场趋势、优化运营策略，实现决策的智能化和自动化。例如，机器学习算法能够分析客户购买行为，预测未来的消费趋势，从而帮助企业制定更具针对性的市场策略。此外，深度学习技术可以对图像、语音等非结构化数据进行分析，为产品创新和客户体验提升提供支持。

人工智能的智能化分析不仅提高了决策的效率，还降低了人为判断的误差，确保决策的科学性和合理性。企业可以通过人工智能系统不断优化决策流程，实现数据驱动的智能决策。

四、决策领先型数据战略的工具选择

在决策领先型数据战略的实施过程中，工具的选择同样至关重要。工具的选择直接关系到数据分析的效率、深度以及决策支持的智能化水平，因此必须谨慎考虑。主要包括以下三种关键工具：数据仓库与数据湖、数据分析软件以及决策支持系统软件。

1. 数据仓库与数据湖

数据仓库与数据湖是数据存储和管理的核心工具，它们不仅能够高效地存储和管理海量数据，还提供强大的数据查询和分析功能。

数据仓库以其结构化存储而闻名，特别适合存储组织内部生成的结构化数据，例如销售记录、财务报表等。通过建立预定义的数据模型，数据仓库能够快速响应复杂查询，并支持多维数据分析。其高效的数据处理能力和快速检索功能，使得企业能够迅速从大量数据中提取出有价值的信息，从而支持即时决策。

数据湖则是一种更加灵活和动态的数据存储方式，适合于存储各种类型的数据，包括结构化、半结构化和非结构化数据，如社交媒体内容、传感器数据和日志文件等。数据湖的优势在于其对非结构化数据的良好支持，成为处理大数据和实时数据的理想选择。通过数据湖，企业可以以原始格式存储数据，从而在需要时进行灵活的数据处理和分析。此特性使得企业能够更好地应对不断变化的数据需求，实现对实时数据流的有效分析。

2. 数据分析软件

数据分析软件是数据挖掘、统计分析和数据可视化的得力助手。不同类型的数据分析软件各具特点，能够满足不同企业的需求。

例如，SAS 和 SPSS 等统计分析软件，以其强大的算法和模型库，帮助用户深入挖掘数据中的规律和趋势。这些工具支持多种统计方法，如回归分析、时间序列分析和分类等，使得数据分析人员能够基于科学的统计方法，提取出数据背后的洞察。

同时，Tableau 等数据可视化工具，通过直观的图表和交互式界面，将复杂的数据分析结果以易于理解的方式呈现出来。Tableau 不仅允许用户通过拖拽操作生成可视化图表，还提供了实时数据连接功能，使得用户能够在数据变化时即时更新视图。这种可视化能力使得数据分析结果更加易于沟通和共享，增强了决策者对数据的理解和信任。

3. 决策支持系统软件

决策支持系统软件是构建智能化决策支持系统的关键。这些系统通过集成多种功能，为用户提供全面的业务洞察和决策支持。

商业智能工具是这一类别中的重要组成部分，能够整合数据仓库、数据挖掘和数据分析功能。它们通过图形化界面和自助分析功能，使得非技术用户也能轻松访问数据，进行数据分析。这类工具不仅可以提供全面的业务绩效分析，还能够通过仪表板实时监控关键绩效指标，帮助管理层及时识别潜在问题和机会。

数据科学平台则结合了机器学习、深度学习等先进技术，实现了数据分析的自动化和智能化。这些平台通常提供了丰富的算法库和工具，用户可以根据需求自定义模型，实现特定的数据分析任务。这些系统不仅能够根据用户需求提供定制化的分析报告和决策建议，还能够通过持续学习和优化提高决策支持的准确性和效率。这一特性使得企业能够在快速变化的市场环境中，保持灵活性和竞争优势。

五、挑战与应对策略

在实施决策领先型数据战略的过程中，企业面临着多重挑战，主要包括数据质量问题、数据安全与隐私问题以及技术更新问题。这些挑战不仅可能影响决策的有效性，还会影响企业的整体竞争力。因此，制定相应的应对策略显得尤为重要。

1. 数据质量问题

数据质量问题是决策过程中的一个主要障碍。数据的不准确、不完整或不一致，都会直接影响决策的准确性，导致错误的商业判断。例如，销售数据的缺失可能导致企业在库存管理和销售预测方面出现重大失误，从而造成经济损失。

首先，企业需要加强数据治理，建立完善的数据治理体系。通过建立数据标准和规范，确保所有数据的收集、存储和使用过程都符合既定的标准。其次，强化数据质量监控和评估机制，定期审查和清理数据，及时发现和解决数据质量问题。企业还可以采用数据质量管理工具，自动化监控数据质量指标，如准确性、完整性和一致性，确保数据在整个生命周期中的高质量。

2. 数据安全与隐私问题

数据安全与隐私问题是另一个亟须解决的挑战。随着数据量的激增，如何确保数据的安全性和个人隐私的保护，成为企业必须面对的重要课题。数据泄露或滥用可能导致严重的法律后果和品牌形象损失，进而影响客户的信任和业务的持续发展。

首先，企业应加强数据的安全防护和隐私保护，遵守我国及国际相关法律法规和行业标准，例如《通用数据保护条例》等。其次，采用加密技术、访问控制等手段来确保数据的安全性和隐私性。定期进行安全审计和风险评估，以识别潜在的安全隐患，并及时采取应对措施。同时，企业应制定应急预案，以应对可能出现的数据泄露事件，确保在危机发生时能够迅速反应并减轻损失。

3. 技术更新问题

技术更新问题是指数据分析技术和工具的快速发展，企业需要持续投入资源进行学习和更新。这不仅涉及软件和硬件的更新换代，还包括新技术、新方法的学习和应用。若企业无法及时跟上技术发展的步伐，可能会在数据分析和决策支持方面落后于竞争对手。

企业应鼓励员工持续学习新技术和新方法，定期组织培训和知识分享会，以提升团队的数据分析能力和决策水平。此外，企业应加强与外部机构的合作与交流，借助行业合作伙伴和学术机构的专业知识，引入先进的技术和理念。这种合作不仅可以帮助企业获取前沿技术的最新动态，还可以为企业提供新的视角和思路，推动数据战略的创新和发展。

第二节　运营领先型数据战略

运营领先型数据战略是一种企业级战略举措，它致力于优化企业运营流程，加速业务转型升级。该战略的核心在于把握关键环节，遵循系统化的步骤，积极学习并采纳行业内的成功案例与最佳实践，确保运营领先型数据战略能够为企业带来持续的增长动力和竞争优势。

一、核心目标

运营领先型数据战略的核心目标是通过数据驱动的方式，全面提升企业的运营效率、优化业务流程，并推动业务模式的创新。具体来说，这一战略在多个层面上发挥着重要作用。

1. 提高生产效率

在现代制造环境中，提升生产效率是企业获得竞争优势的基础。通过利用数据分析技术，企业能够实时监控生产过程，获取各个环节的详细数据。这种数据包括设备的运行状态、生产节奏、工艺参数等。通过对这些数据的深入分析，企业可以轻松识别出生产过程中的瓶颈和浪费。例如，某个生产线可能因为设备老化而导致频繁停机，或是由于工人操作不当造成效率低下。企业可以通过优化生产流程、调整生产线布局，甚至实施自动化技术来解决这些问题，从而显著提高整体生产效率。

2. 降低运营成本

降低运营成本是企业追求利润最大化的重要途径。通过数据分析，企业能够全面审视其运营成本结构，找到潜在的节约机会。比如，在采购环节，企业可以通过分析历史采购数据，预测未来需求，从而制定出更为合理的采购策略，避免由采购不当导致的库存积压问题。此外，通过对物流和仓储数据的分析，企业可以优化运输路线、减少不必要的运输次数，从而降低物流成本。综合运用数据，企业能够更有效地控制各种成本，降低整体运营成本。

3. 深化客户洞察，增强客户体验

在竞争日益激烈的市场环境中，了解客户需求并提供个性化的产品和服务已成为企业成功的关键。企业可以通过分析客户的购买行为、反馈意见以及偏好数据，深入了解客户的真实需求。例如，通过对客户历史交易记录的分析，企业能够识别出高价值客户和潜在流失客户，进而制定相应的客户关系管理策略，进行精准营销。这样的个性化服务不仅可以提升客户满意度，还能增强客户忠诚度，促进长期业务发展。

4. 优化供应链管理

供应链管理的高效性直接影响到企业的市场竞争力。通过对供应链各个环节的数据进行实时分析，企业能够实现供应链的全面优化。首先，企业可以通过对供应商交货数据的分析，评估供应商的可靠性，确保原材料的及时供应，降低生产过程中的风险。其次，通过对库存数据的管理，企业可以有效降低库存成本，避免资源浪费。此外，利用数据分析技术，企业还可以提高供应链的响应速度，实现快速调配资源，适应市场变化的需求。这种优化不仅有助于降低运营风险，还能提高企业的整体运营效率。

二、关键要素

现代企业管理依赖于数据驱动的方法，通过实时监控和分析关键运营指标，企业可以及时发现问题并优化流程，提升效率和降低成本。同时，精确的成本控制与预算管理有助于赢利水平的维持，而利用客户数据深入了解需求则有助于提供个性化服务，提高客户满意度和忠诚度。综合这些策略，企业能够在竞争激烈的市场中实现可持续发展。

1. 实时数据监控与分析

建立实时数据监控体系是现代企业管理的核心，要求对企业运营中的关键指标进行持续、即时的监控。为了实现这一目标，企业需要借助先进的传感器技术、物联网 (IoT) 和实时数据处理平台，确保所有对运

营有重大影响的数据点都被纳入监控范围。这种实时监控不仅可以帮助企业及时发现运营中的异常和潜在问题，还为快速响应提供了坚实的基础。通过结合数据分析技术，企业能够深入挖掘运营数据背后的规律和趋势，识别那些可能未被直观观察到的潜在问题和改进机会。这种数据驱动的方法能够提升决策的科学性，从而增强企业的竞争力。

2. 运营流程优化

运营流程优化是提升企业整体运营效率的关键步骤。通过对数据的分析，企业可以精确识别运营流程中的瓶颈和浪费现象，从而进行针对性的改善。数据分析不仅能够帮助企业快速定位这些问题，还能提供具体的改进建议。一旦识别出瓶颈和浪费，企业应积极利用自动化和智能化技术来改进运营流程。自动化技术的引入显著提高了生产效率，减少了人为错误的发生。与此同时，智能化技术的应用使得企业能够更精准地预测市场需求，优化资源配置，从而进一步提升运营效率，降低成本，提高赢利能力。

3. 成本控制与预算管理

在现代企业管理中，通过数据分析进行成本控制与预算管理至关重要。企业可以精确计算各项运营成本，包括原材料成本、人工成本、物流成本等，为科学制订预算计划提供了坚实依据。预算计划应详细列出各项预期支出和收入，以及预期的利润水平。在预算执行过程中，企业需要实时监控成本的实际执行情况，并与预算计划进行对比分析。一旦发现偏差，企业应立即采取措施进行纠正和调整。通过这种实时监控与及时调整，企业能够确保成本控制在预算范围内，从而有效保持赢利水平并实现可持续发展。

4. 客户服务与体验提升

在竞争日益激烈的市场环境中，优质的客户服务是吸引和留住客户的关键。运营领先型数据战略强调利用客户数据来深入了解客户的需求和偏好。通过数据分析，企业能够识别出哪些产品或服务最受客户欢迎，哪些方面需要改进，以及客户未来的需求趋势。基于这些深刻的洞察，企业可以提供个性化的产品和服务，以更好地满足客户的独特需求。此外，企业还应定期进行客户服务满意度调查，以评估客户的反馈和体验。这不仅有助于提升客户满意度，也为企业带来了持续的竞争优势，从而在市场中站稳脚跟。

三、实施步骤

通过实施运营领先型数据战略，企业不仅能够有效整合和利用数据资源，还能在动态市场环境中迅速做出响应和调整。数据驱动的决策支持、优化的运营流程、严谨的成本控制和以客户为中心的服务策略，构成了企业持续竞争优势的核心。这一战略不仅提升了企业的运营效率和赢利能力，更为其长期发展奠定了坚实的基础。随着科技的不断进步，未来的数据战略将进一步深化，推动企业在智能化和自动化方向上的探索与实践，实现更高水平的数字化转型。

1. 数据准备与整合

企业需要全面收集来自市场营销、销售、客户服务、供应链管理等不同运营环节的数据。这一过程不仅涉及内部数据的整合，还应包括外部数据来源，例如市场趋势、竞争对手动态等。接着，企业应构建数据整合平台，建立或选用现有的大数据平台，将收集到的数据进行集中存储，实现数据的物理集中和逻辑统一。为确保数据质量，数据清洗与预处理尤为重要，运用数据清洗技术剔除重复、错误、不完整的数据，通过数据转换和标准化处理，确保数据格式一致，提高数据质量和可用性。这为后续的数据分析提供了可靠的基础。

2. 建设数据监控与分析体系

企业需搭建实时监控体系，利用数据可视化工具和实时监控技术，设置关键运营指标的监控面板，实现运营状态的即时反馈。这不仅能帮助企业迅速了解运营动态，还能及早发现潜在问题。接着，深入数据分析显得尤为重要，运用统计分析、机器学习等数据分析工具和技术，对运营数据进行多维度、深层次的分析，识别运营趋势、异常点及潜在机会。通过数据驱动的洞察，企业能够更好地制定战略、优化决策，提升整体运营效率。

3. 实现运营流程优化与自动化

基于数据分析结果，企业需识别运营流程中的瓶颈和低效环节，设计并实施流程改进方案。例如，针对发现的瓶颈，可以通过调整资源配置或引入新技术来加以解决。此外，自动化与智能化技术的应用也是提升运营效率的关键环节，企业应引入机器人流程自动化、人工智能等技术，自动化处理重复性高、规则明确的任务，从而提高运营效率并减少人为错误。这样的优化措施不仅能节省时间和成本，还能提升员工的工作满意度，使其能专注于更具创造性和战略性的任务。

4. 成本控制与预算管理实施

制定科学的成本控制策略和预算计划是企业实现可持续发展的重要一环。根据历史数据和市场预测，企业应明确各项费用的预算限额，并确保这些预算与公司战略目标相一致。同时，利用财务管理软件或企业资源规划（ERP）系统，企业能够实时监控成本支出与预算执行情况，对偏离预算的项目进行及时分析和调整。这种动态管理方式确保了成本控制在预定目标内，并为企业的财务健康提供了保障。

5. 改善客户服务与体验

基于客户数据分析，企业能够深入了解客户偏好和需求，从而提供定制化的产品推荐和服务方案，以增强客户黏性。通过分析客户行为数据，企业可以在合适的时机向客户推送相关产品，提升转化率。同时，定期通过问卷调查、在线评价、电话回访等方式收集客户对产品和服务的满意度反馈，建立快速响应机制，针对客户反馈的问题迅速采取措施进行改进。这种以客户为中心的服务理念，不仅能提升客户满意度，还能促进客户的长期忠诚度，形成良好的口碑传播。

四、运营领先型数据战略实践

企业在实施运营领先型数据战略时，需要注意以下几个方面的实践：

机制构建与目标设定、数据共享与沟通平台建设，以及机制监控与持续优化。这些措施旨在建立高效的跨部门数据协作机制，实现运营数据的及时共享和高效沟通，从而为企业的运营决策提供有力支持。

1. 机制构建与目标设定

在实施运营领先型数据战略的第一步，企业需建立跨部门的数据协作机制。这一机制的核心目标是实现运营数据的及时共享和高效沟通，从而有效打破信息孤岛，提升运营决策的速度和准确性。在这一过程中，企业需要充分考虑数据的安全性、隐私保护以及合规性，确保在数据共享过程中严格遵循相关法律法规和公司内部政策，以防止数据泄露和不当使用。

为了更好地落实这一机制，企业应组建一个跨部门的数据协作小组。该小组由各部门的数据负责人、IT 技术人员以及运营决策层的代表组成，负责机制的设计、实施、监控和持续优化。小组成员应定期举行会议，讨论数据共享的现状、遇到的问题及解决方案，并确保各部门的协作顺畅进行。这种跨部门的合作不仅能加强各部门之间的沟通，还能促进团队之间的相互理解和信任，为数据驱动的决策提供更为坚实的基础。

2. 数据共享与沟通平台建设

在建立有效的机制之后，企业需要选择或开发适合自身需求的数据共享平台。这些平台可以包括数据仓库、数据湖或云存储解决方案，企业需确保这些平台具备高效的数据处理能力、灵活的查询功能和强大的数据可视化能力。一个良好的数据共享平台能够支持多种数据类型的存储和处理，并提供用户友好的界面，使得各部门可以轻松访问和利用数据。

为了进一步促进跨部门的数据交流，企业还应建立定期的跨部门数据分享会议。这些会议可以是月度或季度的，目的是确保各部门能够及时了解数据动态和运营情况。通过这种方式，各部门可以分享各自的经验和见解，协同解决在运营过程中遇到的问题。此外，企业还可以利用社交工具、邮件列表等进行日常数据的即时沟通和交流，使信息的流动更加顺畅、迅捷。这种实时的沟通机制，有助于快速响应市场变化，提高整体运营的敏捷性。

3. 机制监控与持续优化

建立数据协作机制后，企业需建立相应的监控体系，定期评估机制的运行效果和数据共享的效率。通过数据监控，企业能够及时收集用户反馈和建议，发现并解决机制存在的问题和不足之处。例如，可以定期开展用户满意度调查，以了解不同部门对数据共享机制的看法及改进建议。这种反馈机制能够帮助企业在实际运作中不断调整和优化数据共享策略。

在对监控结果进行分析后，企业应根据反馈信息，对数据协作机制进行持续的优化和改进。这包括引入新的技术和工具，以提高数据处理的效率和准确性，进而提升运营决策的速度和质量。例如，利用人工智能和机器学习技术，企业可以实现数据的自动化分析和预测，从而在决策中获取更有价值的洞察。此外，企业还可以考虑引入敏捷管理方法，推动各部门快速迭代和持续改进，使数据协作机制始终保持高效运转。

第三节　数据变现型数据战略

数据变现型数据战略是指通过某种方式将数据转化为实际的收益或绩效。包括明确数据变现的目标与定位、构建数据变现的能力与体系。

一、明确数据变现的目标与定位

在数字化时代，数据已成为企业的重要资产。为了实现数据资产的最大化利用，企业必须明确数据变现的目标与定位。这不仅有助于企业深刻理解自身数据的价值，还能为制定切实有效的数据变现策略提供指导。

1. 确定数据变现的目标

确定数据变现的目标是企业数据战略的第一步。企业应从多个角度分析数据的变现潜力，包括探索如何通过不同的渠道和方式将数据转化为直接收入。比如，企业可以通过销售数据报告、提供数据分析服务或数据订阅服务来实现收入增长。分析数据如何在企业内部优化流程、提高工作效率，从而减少运营成本。例如，通过数据分析识别瓶颈，优化供应链管理，从而降低库存成本和运输费用。

利用数据帮助企业更好地理解市场趋势和客户需求。通过分析客户行为数据和市场数据，企业可以制定更加竞争力的战略和产品，提升市场反应速度和产品的适应性。为确保数据变现目标的实现，企业应设定具体的销售目标。这包括明确通过数据优化流程后，预计每年能够节约的成本金额，以及设定具体的市场份额提升目标。

2. 定位数据变现的市场与客户

在明确数据变现目标后，企业需深入分析市场需求与客户定位，以便制定有效的市场策略。首先进行目标市场需求的分析，研究不同行业的数据需求特点。例如，医疗、金融、零售等行业对数据的依赖程度不同，企业需要根据行业特性制定相应的数据服务方案。识别出对数据有高度依赖的行业，并研究其数据应用的痛点和需求。这可以帮助企业寻找目标客户，制定针对性的产品和服务。

深入了解竞争对手的数据变现策略，包括其市场定位、产品特点及市场份额等信息。通过竞争对手的成功案例和失败经验，企业可以制定差异化的竞争策略，以便在激烈的市场竞争中占据优势。分析市场趋势，预测未来数据市场的增长点和潜在机会。这包括关注技术创新、行业政策变化及消费者行为的转变等因素，以便及时调整企业的数据变现策略。跟踪竞争对手的动态变化，关注市场环境的变动，以便及时调整自己的数据变现策略。企业应建立灵活的应对机制，快速适应市场的变化和客户需求的调整。

二、构建数据变现的能力与体系

构建数据变现的能力与体系是企业在数字化时代实现可持续发展的关键所在。为此，企业需要在数据收集与处理、数据产品与服务体系以及数据变现专业人才等方面进行全面布局和深入投入。通过不断优化和完善这些方面，企业可以更加有效地利用数据资源，实现数据的商业价值最大化，进而提升市场竞争力和赢利能力。

1. 提升数据收集与处理能力

在构建数据变现能力的过程中，首要任务是加强数据收集渠道的建设。这不仅仅是简单地增加数据来源，而是要确保数据的全面覆盖，包括客户行为、市场趋势、行业动态等多个维度。企业应关注数据的准确性和及时性，以保证所收集数据的质量。为了实现这一目标，企业需要投入资源，建立高效的数据收集系统，并采用先进的技术手段，如自动化数据抓取、实时数据流处理等。这些技术能够确保数据的持续、稳定供应，从而为后续的数据分析打下坚实的基础。

在数据处理方面，企业应引入先进的数据处理技术和工具，以显著提高数据清洗、整合和分析的效率，使数据更加易于理解和利用。例如，利用机器学习算法进行数据清洗，不仅能够自动识别并处理数据中的异常值和缺失值，还能有效地挖掘潜在的数据信息，从而为企业决策提供更可靠的依据。此外，企业应重视数据安全和隐私保护，确保在数据收集与处理过程中遵循相关法律法规。

2. 建立数据产品与服务体系

为了将数据转化为实际的商业价值，企业需要建立完善的数据产品与服务体系。这一体系不仅要根据市场需求和客户痛点开发具有竞争力的数据产品，还应关注服务的个性化定制，以帮助客户更好地利用数据驱动业务发展。数据产品的开发可以涵盖多个方面，包括市场分析报告、客户行为预测模型等，以满足不同客户的需求。与此同时，数据服务应更加注重灵活性和个性化，提供定制化的解决方案，帮助客户实现数据驱动的业务转型。

在建立数据产品与服务体系的过程中，企业需要注重产品的创新性和实用性。通过不断研发新技术、新方法，提高数据产品的质量和性能，以适应市场的快速变化和客户需求的不断升级。同时，企业还应注重客户体验，提供优质的服务和支持，以建立良好的客户关系和口碑。有效的客户反馈机制能够帮助企业及时调整产品和服务，进一步增强客户满意度。

3. 培养数据变现专业人才

数据变现是一个复杂的过程，涉及多个领域的专业知识和技能。因此，企业需要建立数据变现专业团队，负责数据产品的研发、市场推广和客户服务。这个团队应具备多方面的能力，如数据分析、产品设计、市场推广等，以确保数据变现工作的顺利进行。团队成员的多样化背景能够促进创新思维，推动数据产品和服务的不断优化。

为了保持团队的竞争力和适应市场变化，企业需要定期对团队进行培训和技能提升。这包括组织内部培训、参加外部研讨会、引进新技术和新方法等，以帮助团队成员不断更新知识、提高技能水平。同时，企业还应注重团队文化的建设，营造积极向上的工作氛围，激发团队成员的创新精神和团队协作能力。建立良好的激励机制和职业发展路径，也有助于吸引和留住优秀的人才，为企业的长期发展奠定基础。

通过提升数据收集与处理能力、建立数据产品与服务体系以及培养专业人才，企业可以有效构建数据变现的能力与体系，从而实现数据的商业价值最大化，为企业的可持续发展提供强大动力。

三、制定数据变现的策略与路径

为了有效实现数据的商业价值，企业在制定数据变现策略与路径时，需要从选择合适的变现模式、制定数据变现的定价策略以及拓展数据变现的渠道与合作等三个方面进行综合考虑和规划。通过不断优化和完善这些策略，企业不仅能够提升数据的商业价值，还能推动自身的可持续发展。

1. 选择合适的数据变现模式

数据变现模式主要可分为以下两种：

一是直接变现模式。这种模式通常适用于那些拥有独特且高价值数据集的企业。通过对数据进行加工和整理，企业可以形成具有特定功能的数据产品，例如数据分析报告、数据可视化工具等。此外，企业还可以提供基于数据的定制化服务，如数据咨询和数据分析，以满足客户的个性化需求。为了实现这一模式，企业还可以允许其他企业或个人在特定条件下使用其数据，以此获取相应的费用，从而直接创造收入。

二是间接变现模式。在这种模式下，企业利用数据洞察业务流程中的瓶颈和问题，提出改进建议，从而提高整体运营效率。例如，通过数据分析，企业可以深入了解客户的需求和偏好，为产品创新提供有力支持。此外，企业还可以利用数据制定精准的市场拓展和营销策略，进而提升市场份额和品牌影响力。间接变现模式更注重数据在企业内部的应用与价值的深度挖掘，最终促进企业的长远发展。

2. 制定数据变现的定价策略

在制定数据变现的定价策略时，企业需要综合考虑多个因素，以确保定价的合理性和市场竞争力。企业首先需要评估数据的独特性、稀缺性和实用性等因素，以确定数据的实际价值。高价值的数据通常能够指向更高的价格，而普遍性或低价值的数据则需谨慎定价。

了解市场上数据的需求及竞争情况也十分重要。通过市场调研，企业可以把握数据产品的市场定位，并制定出具有吸引力的价格。定价过程中，企业还需考虑数据采集、处理和存储等相关成本，以确保定价既不过高，也不过低，从而保障赢利空间。

此外，企业还可以采用多种定价方式来应对市场变化。例如，差异化定价可以根据数据的质量和用途制定不同的价格；订阅制让客户定期支付一定费用以获取数据的使用权；按使用量收费则根据客户实际使用的数据量进行计费，这些灵活的定价方式能够提高市场适应性。

3. 拓展数据变现的渠道与合作

企业在拓展数据变现渠道时，可以通过与行业协会、研究机构、媒体等建立合作关系，共同推广数据产品和服务，以扩大市场影响力。同时，企业还可以利用自身的营销渠道，如官方网站和社交媒体等，进行数据的宣传和销售。

积极寻求与其他企业或平台的合作机会，共同开发数据产品或服务，是另一种有效的策略。通过合作，企业能够共享资源、降低成本，从而提高市场竞争力。此外，企业还可以考虑与数据提供商、数据分析服务商等建立战略伙伴关系，以形成完整的数据产业链，共同推动数据变现业务的发展。

四、持续优化与迭代数据变现策略

在当今快速变化的市场环境中，持续优化和迭代数据变现策略显得尤为重要。通过定期评估数据变现的效果，以及根据市场变化灵活调整策略措施，企业能够更加全面、深入地提升数据变现的效果和竞争力。同时，保持策略的灵活性和适应性，使其能够迅速应对市场和客户的不断变化，成为企业成功的关键。

1. 定期评估数据变现效果

首先，企业需要构建一个全面的评估体系，不仅包括数据变现的直接收入和成本等财务指标，还要关注市场份额、客户满意度、品牌影响力等非财务指标。这些非财务指标能够反映出数据变现策略的长远影响，帮助企业更全面地了解自身在市场中的地位和客户的真实感受。为此，企业可以设立专门的评估小组，或者委托第三方机构进行独立评估，以确保评估结果的客观性和准确性。

其次，深入分析策略的有效性至关重要。企业应详细记录和分析数据变现策略的执行情况，包括实施过程、遇到的问题以及取得的成效等。通过对比分析、趋势分析等方法，企业能够深入挖掘策略的有效性和存在的问题。这种分析不仅能够帮助企业识别成功的因素，也能揭示潜在的改进空间，为后续的策略优化提供有力依据。

此外，建立一个高效的反馈机制也非常关键。企业需要及时收集和分析来自客户、市场等方面的反馈信息，并将这些反馈纳入评估体系中。客户的意见和建议往往能够为优化策略提供宝贵的参考，有助于企业及时调整策略以更好地满足市场需求。

2. 根据市场变化调整策略

企业必须密切关注市场动态，建立市场监测体系，定期收集和分析市场数据。这包括竞争对手的动态、客户需求的变化、行业趋势等。通过市场调研、客户访谈等方式，企业可以深入了解市场和客户的需求，从而为调整策略提供有力支持。这种市场洞察能够帮助企业把握机会，规避风险，实现可持续发展。

根据市场变化和客户需求的变化，企业需要灵活调整数据变现策略。例如，可以调整产品定价、优化产品组合、拓展销售渠道等。保持策略的灵活性和适应性，使企业能够迅速适应市场变化，满足客户的多样化需求，从而增强市场竞争力。

最后，引入新技术和新方法也是优化数据变现策略的重要手段。企业需密切关注新技术和新方法的发展动态，及时将其引入数据变现领域。这不仅能提升数据变现的效率和效果，还能为企业带来新的增长点。加强与科研机构、高校等的合作，共同研发新技术和新方法，将推动数据变现领域的创新与发展，使企业始终处于行业的前沿。

案例：大数据战略的实践浪潮与思考

2012 年 3 月 29 日，美国政府发布《大数据研究和发展倡议》（*Big Data Research and Development Initiative*，以下简称《倡议》），随即世界各主要国家积极跟上，在全球掀起一场关于国家大数据战略的实践浪潮与思考。

一、美国国家大数据战略

美国国家大数据战略有两个标志性文件：《倡议》和 2016 年 5 月 23 日发布的《联邦大数据研究和发展战略计划》(*The Federal Big Data Research and Development Strategic Plan*，以下简称《计划》)。

1. 关于《倡议》

国内外对《倡议》的综述、评论、分析、研究文章很多，一般认为其亮点之一是声明美国国家科学基金会、美国国立卫生研究院、美国能源部、美国国防部、美国国防部高级研究计划局、美国地质调查局这六个部门将新增总额超过两亿美元的资金，用于研发和应用各自领域的与大数据相关的先进工具与核心技术。同时，还公布了六个部门当时拟开展的主要项目。

分析这六个部门及其拟开展的主要项目，有以下几点结论：一是这六个部门均为有权力、有财力、有能力的部门。有权力毋庸置疑；有财力包括能正常拨款和追加拨款；有能力主要指这些部门内部设有或者能够调动专业研究机构且有相当研究能力。二是其中五个部门（除美国国家科学基金会）拟开展的主要项目包括两大类：大数据在其部门或其管辖行业内部的应用，以及为这些应用所研发的主要技术。简言之，这五个部门更关心的是大数据在行业内的应用，以及为实现这些应用所需要的技术和系统。三是国家科学基金会除了支持与上述五个部门的合作项目外，也支持一些基础性的核心技术研究以及推动人才培养的项目。

根据本系列文章前述的分析，《倡议》所关注的数据应用服务，主要是前节所述的数据应用服务体系架构中的面向行业的普适性服务，也包括一些面向公众的普适性服务，所关注的大数据集合是公权机构数据和法人私有数据。

2. 关于《计划》

国内外对《计划》的综述、评论、分析、研究文章也很多，普遍认为《计划》是《倡议》的延续、扩展、深化和细化。《计划》提出了七项战略（包含新兴技术、数据质量、基础设施、共享机制、隐私安全、人才培养、相互合作），涉及十五个政府部门，并对各部门制定与大数据相关的计划和投资提出了指导意见。

上述对《倡议》分析的三点结论对《计划》同样适用，只不过六个部门扩展到了十五个部门，主要项目也分门别类地增加了很多，描述得更细。

与前段结论一样，《计划》所关注的数据应用服务，主要也是前节所述的数据应用服务体系架构中的面向行业的普适性服务，也包括一些面向公众的普适性服务，所关注的大数据集合也是公权机构数据和法人私有数据。

《倡议》和《计划》无疑是美国国家大数据战略的重要组成部分，但是不是全部，随着时间延续、认识深入、实践积累和经验积蓄，美国国家大数据战略的内容还会丰富和清晰。

二、中国国家大数据战略

中国国家大数据战略也有两个标志性文件：2015 年 8 月 31 日国务院印发的《促进大数据发展行动纲要》（以下简称《纲要》），2016 年 12 月 18 日工业和信息化部印发的《大数据产业发展规划（2016—2020 年）》（以下简称《规划》）。两个文件，特色鲜明，结构严谨，分析全面，清晰明快。

1. 关于《纲要》

对《纲要》的解读文章很多。围绕大数据的开发和应用，《纲要》提出了社会治理、经济运行、民生服务、创新驱动、产业发展等五项战略目标，以及政府数据资源共享开发、国家大数据资源统筹发展、政府治理大数据、公共服务大数据、工业和新兴产业大数据、现代农业大数据、万众创新大数据、大数据关键技术及产品研发与产业化、大数据产业支撑能力提升、网络和大数据安全保障等十项战略工程。

在五项战略目标中，社会治理是核心，即"将大数据作为提升政府治理能力的重要手段"是核心。在十项战略工程中，前两项是国家政策，后三项是支撑保障，中间五项强调则是行业大数据应用。

2. 关于《规划》

《规划》是《纲要》的落实，再次强调了推动大数据产业发展对治理能力、公共服务、经济转型和创新发展的重要意义，提出阶段重点是"数据开放与共享、技术产品研发、应用创新"。

《规划》提出的重点任务有七项：①强化大数据技术产品研发；②深化工业大数据创新应用；③促进行业大数据应用发展；④加快大数据产业主体培育；⑤推进大数据标准体系建设；⑥完善大数据产业支撑体系；⑦提升大数据安全保障能力。其中，第一项是国家政策，后四项是支撑保障，第二、三项强调的仍是行业大数据应用。

在"强化大数据技术产品研发"部分的"创新大数据技术服务模式"中也提出了"大数据服务模式创新""提升第三方大数据技术服务能力"等原则性要求。

综合中国国家大数据战略的两个标志性文件，结论同前一样，两个文件所关注的数据应用服务，主要是数据应用服务体系架构中的面向行业的普适性服务，也包括一些面向公众的普适性服务，所关注的大数据集合也是公权机构数据和法人私有数据。

三、欧盟委员会《欧洲数据战略》

2020 年 2 月 19 日，欧盟委员会发布《欧洲数据战略》（以下简称《战略》）。《战略》对标中、美两国国家大数据战略的意图明显，隐含"欧洲优先"的意图也很明显。《战略》中提出的战略目的非常明确，即"创建一个单一的欧洲数据空间——一个真正、单一的数据市场"。

《战略》分析了欧盟在发挥数据经济潜力方面存在的主要问题（9个），提出了实现真正、单一数据市场愿景的战略目标（4个），明确了战略性部门和公共利益领域的欧洲数据空间（9+1 个，这 10 个欧洲数据空间都可以粗略地理解为是大数据的行业应用）。本部分仅对《战略》中提出的与本系列文章所述主要观点相关的两个提法作简单分析。

提法一：《战略》引言部分提出"确保每个人都从数字红利中受益"。这里的"人"应理解为抽象的人，包括自然人、法人、组织、机构等，含企业特别是中小企业。《战略》2020 年年初发布，如果从 2012 年美国发布《倡议》算起，大数据战略实践已有近 8 年时间。显然，《战略》中的这个提法是对大数据战略重要性的更深刻认识。

提法二：《战略》问题部分的第三个问题"市场力量的失衡"中提出"在数据访问和使用方面（例如，在中小企业访问数据时）也存在市场失衡"。言外之意是中小企业在数据使用方面受到诸多限制或本身不具备相应能力。实际上，很多组织、机构、企业、个人等，在数据获取和数据分析方面均没有相应能力或者能力很弱，它们必须或只能借助其他社会力量才能真正从数字红利中受益。

以上有所侧重地分析了美国、中国和欧盟有关大数据战略的部分文件。国家和地区情况不同，国家大数据战略的目的可以不同，美国强调的是"美国第一"，中国关注的是"社会治理"，欧盟在意的是"欧洲优先"，但有几个方面值得探讨。

指导思想方面。欧盟《战略》中提出"确保每个人都从数字红利中受益"，这是对大数据战略重要性的更深刻认识。相当一部分在数据获取和处理能力方面缺失或很弱的机构、组织、企业、个人等，都有大量、迫切、紧急、遂行的针对其个体的数据应用服务需求，如何为它们提供服务，如何让它们从数字红利中受益，大数据战略必须有所体现。

数据利用方面。开源网络数据是大数据的重要组成部分，其中蕴藏着巨大价值，值得深入研究、挖掘和利用，而这部分数据的利用，在美国、中国和欧盟的大数据战略相关文件中都没有提及。对开源网络数据价值和地位的认识不足是主要原因。回避大数据的重要组成部分——开源网络数据，对于大数据战略而言，显然是明显缺失。

产业集群方面。大数据价值只能通过大数据应用服务体现；提供大数据应用服务必须依靠大数据产业集群。基于公权机构数据和法人私有数据的数据应用服务产业，基本形成规模，政策支持有力，发展动力强劲。但是，基于开源网络数据的数据应用服务产业呢？这是大数据产业集群中最重要的缺失部分，整个产业仍在形成、挣扎和奋进之中，其地位迫切需要在大数据战略相关文件中给予明确。

技术创新方面。已有数据的分析和未知数据的挖掘，结构数据的采集和非结构数据的融合，完全是不同的方法论。目前大多数研究机构和相关企业仍热衷于已有数据分析、结构数据采集、公权机构数据和法人私有数据统计分析等相关技术的研发，没有关注未知数据挖掘、非结构数据融合、数据关联和精准分析等相关技术的创新，态势分析结果居多，精准分析产品极少。未知数据挖掘、非结构数据融合、数据关联和精准分析等相关技术的创新难度更大，更需要在大数据战略中给予明确支持。

政策支持方面。数据应用服务产业发展尤其需要政策支持，包括完善组织机制、建设法规制度、健全市场机制、建立标准体系、提供财政支持、促进国际合作等。但是，由于数据应用服务提供的是数据信息产品，其合法性、权威性、可靠性、真实性要求更高，因此，培育数据应用服务产业，更需要给予相关企业，特别是相关民营企业以社会平等地位，通过项目、资金支持等方式，有意识、主动地培育它们的社会认知度和社会公信力。欧美等国的相关民营企业在项目、资金等方面获得的政策支持，不是处于社会平等地位，而是处于社会优先地位。

一项战略，主要包括战略目的、行为主体、主要目标、核心任务、保障措施等，随着大数据战略的理论研究特别是大数据战略的应用实践不断深入，相信世界各主要国家对各自国家大数据战略的描述会进一步精炼，大数据战略的内容会进一步丰富。

第三章

数据组织管理

▶▶▶

数据治理对任何企业来说都是一项复杂且规模庞大的体系化工程，因此需要在企业内部设立一个专门的组织机构，层层级级、方方面面协作，充分调动企业相关资源，形成全面、有效的管控体系，才能确保数据治理的各项工作得以有序推进，最终使数据要素价值能够得到充分释放。通过梳理数据治理组织搭建的条件、原则和建议，有助于企业建立全面、有效的数据治理组织架构。

第一节　数据治理的开展条件

良好的内部环境能够为企业开展数据治理活动提供重要保障，确保数据治理与企业的战略目标保持一致，从而使数据治理活动能够支持并推动企业的整体发展。内部环境由多个关键要素构成，它们共同为企业的数据治理工作提供支持和保障。

一、高层领导支持

高层领导的支持是开展数据治理工作的核心，主要体现在以下四个方面：第一，高层领导的支持能够将数据治理纳入企业战略规划中。这意味着数据治理不是一个独立的项目，而是与企业的长期目标和愿景紧密相连。这种一致性确保了数据治理工作与企业的整体发展方向同步，能够为企业带来长期的价值。第二，在资源分配方面予以支持。这不仅包括财务资金的投入，还涉及人力资源、技术资源以及其他必要资源的配置。此外，高层领导的授权对于数据治理团队在实施过程中的决策自主性至关重要，有助于提高治理工作的效率和效果。第三，高层领导的积极参与可以作为示范，向整个组织传达数据治理的重要性。第四，数据治理往往需要跨部门的协作。高层领导的支持有助于打破部门间的壁垒，促进不同部门之间的沟通和协作。通过高层的协调，可以更有效地整合跨部门的资源和专业知识，共同推进数据治理工作。

二、常设治理机构

尽管有的企业已经意识到数据的重要性，并开始了数据治理的探索，但目前大部分的数据治理活动仍然是项目级或部门级的，缺乏企业级数据治理的顶层设计和资源统筹。数据治理涉及业务梳理、标准制定、流程优化、数据监控、数据集成和融合等多方面工作，如果缺乏顶层设计的指导，治理过程中容易出现偏差或失误，而一旦出现偏差或失误又不能及时纠正，其影响将难以估计。为了确保数据治理工作的持续性和稳定性，企业必须建立常设的机构来进行数据治理。这个机构可以是专门的数据治理委员会或部门，负责制定数据治理政策、监督执行情况，并解决实施过程中的问题。同时，需要为这个机构配备必要的人力和财力资源，并明确其职责和工作范围。

三、跨部门合作

数据治理往往涉及企业内多个部门的参与，跨部门合作是数据治理成功的关键因素之一。跨部门合作使得企业打破部门间的信息壁垒，促进信息的自由流动，确保数据的一致性和可访问性。跨部门合作能够整合不同部门的资源和专业能力，共同应对数据治理中的挑战。合作机制鼓励部门之间共享数据和知识，有助于数据的全面分析和深入洞察，能够为企业带来更全面的数据视角。企业需要建立跨部门合作的框架和协议，设立定期沟通和协调的机制，并明确各参与部门在数据治理中的角色和责任。

四、基础技术设施

强大的技术基础是实现有效数据治理的前提，涵盖了从硬件设施到软件应用的全方位资源。硬件资源包括服务器、存储设备和网络设施，它们为数据提供了存储空间并保障了数据的快速处理和安全传输。软件资源则包括数据库管理系统、数据仓库、数据分析和商业智能工具、数据集成 ETL 工具、数据质量管理软件、数据保护和备份解决方案，以及云计算平台等，这些软件工具使企业能够管理和维护数据的结构、进行历史数据分析、集成多源数据、保证数据质量、防止数据丢失和未经授权访问，以及提供可扩展的计算资源。此外，人工智能和机器学习框架的加入，进一步提升了数据处理的自动化和智能化水平。缺少这些软硬件资源，企业将面临数据丢失风险、决策延迟、数据不一致性、安全隐患、效率低下以及合规性问题，从而影响业务的连续性和竞争力。因此，构建和维护一个强大的技术基础对于支持企业的数据治理工作至关重要。

五、培养数据文化

数据文化体现了组织内部对数据的重视程度和使用数据进行决策的倾向。良好的数据文化能够提升员工对数据治理的接受度和参与度，促进数据治理策略的有效实施。在一个强调数据价值的文化中，员工更倾向于在日常工作中主动关注数据的质量和安全性，有助于确保数据治理遵循相关法律法规，增强内部和外部利益相关者的信任。数据文化有助于将数据治理整合到企业的战略规划中，确保数据治理与组织的整体目标和愿景保持一致。所以，培养一种以数据为核心的文化，鼓励员工在日常工作中重视数据、利用数据，并积极参与到数据治理工作中来，有助于提升整个组织的数据素养和数据驱动能力，是实现有效数据治理的基础。

第二节　组织架构搭建原则

高层领导的支持、常设治理机构的建立、跨部门合作、基础技术设施的完善以及数据文化的培养，是确保数据治理工作顺利进行的关键要素。这些要素共同构成了企业数据治理的坚实基础，为企业的长期发展和决策提供了强有力的支持。然而，为了使数据治理工作更加高效有序，合理的组织架构也至关重要。组织架构的搭建需要按照一定的原则进行指导。

一、集权领导分权管理原则

数据治理组织架构的搭建遵循集权领导与分权管理原则，旨在确保数据管理工作的高效性和有序性。这一原则强调数据治理应以企业的整体利益为出发点，进行全面的统筹规划和管理，以保障数据的一致性、准确性和可靠性，支持企业的业务发展和战略决策。同时，企业需要构建清晰的数据管理组织结构和体制，明确各级管理层和员工在数据治理中的职责，通过职责的确认和正式化，提高数据治理的透明度和执行力。此外，为了确保数据治理的有效性，企业相关管理者应对数据治理团队进行授权，赋予他们在数据管理过程中的关键决策权，提升团队的自主性和灵活性，使其能够根据实际情况快速做出决策，推动数据治理措施的实施。

二、职责清晰界定原则

职责清晰界定原则要求明确区分数据管理者与数据所有者的角色，其中数据管理者负责数据的日常管理和维护，而业务机构作为数据的所有者，拥有数据的所有权和最终决策权，并对数据管理者进行授权。数据治理本身着重于对数据管理流程的策略制定、政策监管和活动评估，而不是直接执行数据管理的具体流程。这些流程的执行需要业务部门和IT部门的紧密配合，确保数据从采集到存储的每一个环节都准确无误。同时，数据管理者并不单独承担所有的数据治理和管理工作，而是与业务部门的数据协调员和IT部门共同协作，形成一个多方参与、职责分明的治理体系。

三、多领域协作原则

多领域协作有利于打破信息孤岛，不同领域和部门往往各自为政，形成信息孤岛，导致数据无法有效共享和利用，通过多领域协作，可以打破这些孤岛，实现数据的互联互通；有利于提升数据价值，多领域协作可以整合不同来源、不同格式的数据，通过深度整合与分析，挖掘出数据的潜在价值，为企业的决策和运营提供有力支持；促进资源优化配置，不同领域和部门之间通过协作，可以共享资源、技术和经验，避免重复建设，提升整体效率。

数据管理者与相关业务领域的专家紧密协作，共同致力于提升数据的质量，确保数据的准确性和完整性，满足业务需求。同时，数据管理者也扮演着领导者的角色，积极推动业务和技术领域的流程改善，他们不仅需要在技术层面有深入的理解，还需要具备跨部门沟通和协调的能力。通过技术和业务的紧密结合，数据治理工作能够更贴近实际业务需求，实现数据管理流程的持续优化。

第三节　组织架构的搭建

数据治理是一项需要企业层层级级、方方面面共同协作的工作，而有效的组织架构是企业数据治理能够成功的有力保障。

数据治理组织架构需要自上而下形成完整的组织体系，从形式上看，企业的数据治理组织架构主要分为决策层、管理层和执行层。

一、决策层

决策层为数据治理委员会，通常由企业高层管理者、业务部门负责人及 IT 部门负责人等组成，是企业数据治理工作的最高决策机构。数据治理委员会代表董事会、高级管理层对数据治理日常工作中的大小事项进行决策，其拥有在企业范围内对数据治理管理层和执行层的管理权力，通常由企业信息部门分管领导担任负责人，企业各部门的经理担任成员。按照数据管理组织构成，数据治理委员会作为企业最高层面的决策者，包括：首席数据官（CDO）、专业协调者等角色。首席数据官负责牵头制定公司数据管理工作方针政策，决策数据管理过程中重大事项，审议批准数据管理工作考核结果。专业协调者角色负责审核本专业内标准规范和制度，协调本专业数据管理工作事项及问题。

数据治理委员会主要负责承接企业数据战略，确立数据治理的愿景和目标，确保数据治理工作与企业的整体战略保持一致。为企业指明数据治理策略，明确数据治理相关部门的职责，整体从战略层面把控共享数据的意义与价值。作为跨业务部门和IT部门之间的桥梁，推动跨部门之间的协作与沟通，打破部门壁垒，促进数据治理的顺利实施。对数据治理工作的进展和成果进行监督和评估，确保数据治理工作的有效性和高效性。

二、管理层

管理层为数据治理办公室，是企业内部组织开展日常数据治理工作并对整个过程进行管理协调的专职机构。其成员一般由归口管理部门的领导担任负责人，各相关部门的数据治理负责人或接口人担任成员。数据治理办公室作为管理层级，包括业务专家、数据专家及技术专家等角色，业务专家负责组织制定数据资源目录、数据标准、数据质量规则、数据安全定级、定期发布数据质量分析报告；数据专家负责推动落实数据管理体系、拟定数据管理制度及标准规范，推动数据管理在企业内部的有效运转，协调跨部门、跨领域的数据管理问题；技术专家负责整体数据架构标准的制定，数据治理成果在数据治理平台、信息系统的落地，挖掘数据潜在价值。

数据治理办公室负责数据治理事务的运作和团队管理，确保数据治理委员会制定的策略和计划得到有效执行。负责数据治理的日常管理和运营工作，包括制定数据治理的管控办法、考核机制等规章制度，确保数据治理工作的有序进行。为数据治理工作提供必要的资源协调和支持，包括人力、物力、财力等方面的支持。组织数据治理相关的培训活动，增强员工的数据意识和技能水平，推动数据治理文化的形成。

三、执行层

执行层为数据治理实施团队，为数据日常治理的责任人。数据治理实施团队作为执行层级，设置业务专员、数据治理专家、数据架构师等角色：业务专员作为业务部门数据治理的接口人，在标准、质量、应用等领域组织业务人员开展工作定义数据规则保障数据质量提出数据需求；数据治理专家作为数据治理组成员，负责设计数据治理架构，梳理数据资产，牵头组织业务、达成数据治理目标，构建数据逻辑模型监控数据质量运营数据资产；数据架构师作为 IT 开发部门的专家，承担数据标准落地、模型落地的重任，协助解决数据质量问题（见图 3-1）。

数据治理实施团队负责具体开展数据治理工作，负责按照数据治理委员会和管理层的要求，开展数据治理的各项工作，处理数据管理过程中的各类问题。按照管理制度和职责，进行各职能领域日常执行、管理维护工作。负责数据质量的监控、评估和改进工作，确保数据的准确性、完整性、一致性和及时性。负责数据安全的保障工作，制定数据安全政策和措施，防止数据泄露、篡改或破坏。提供数据治理所需的技术支持和运维服务，包括数据治理平台的搭建、维护和升级等工作。

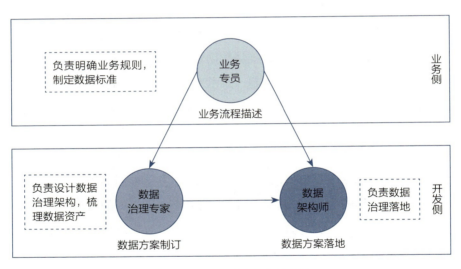

图 3-1　执行层的职责关系图

第四节　组织架构的模式

企业数据管理不仅与企业组织架构有关，还与企业规模、业务管控模式等有着较强关联性，总部对数据的管理粒度、范围不同，也会对数据管理组织架构产生影响。当前，业界普遍认可的数据管理组织架构通常有集中式、联邦式、分布式三种。

一、集中式数据管理组织架构

集中式数据管理由数据管理办公室和数据管理部负责统筹企业数据能力和企业数据平台建设，对企业数据进行统一集成、治理，并通过数据运营人员和数据 BP（Business Partner，指业务伙伴）代表数据管理办公室和数据管理部下沉到一线各业务部门协同业务人员、IT 人员进行数据标准质量管控与数据价值场景挖掘（见图 3-2）。

图 3-2 集中式数据管理组织架构示例

集中式数据管理组织架构的两个优点：一是有一个强有力的数据管理专业组织负责企业数据，职责明确，目标清晰，组织固定而集中，因而员工有较强的归属感，组织内专业化分工强，汇报条线清晰；二是自上而下执行驱动力强。

集中式数据管理组织架构的三个缺点：一是对数据管理人员的能力要求非常高，其必须精通企业级业务与技术；二是其他部门缺乏数据认知与数据管理能力，跨部门的沟通成本高；三是协作不足太过集中，容易僵化，影响工作效率。

集中式数据管理组织架构对各业务线独立性要求较低、数据相关性要求较高，适合于中大型企业，组织认识到数据的价值，有强大的数据管理团队，阿里的数据管理组织就是采用集中式的组织架构模式。

二、联邦式数据管理组织架构

联邦式数据管理由企业级的公司数据管理办公室和数据管理部代表公司制定数据管理相关的制度、流程、机制和支撑系统，制定公司数据管理的战略规划和年度计划并监控落实，建立并维护企业级数据架构，监控数据质量，披露重大数据问题，建立专业任职资格管理体系，提升企业数据管理能力，推动企业数据文化的建立和传播（见图3-3）。

数据管理								
业务单元1			业务单元2			业务单元3		
主题A	主题B	主题C	主题A	主题D	主题E	主题B	主题E	主题F

图3-3　联邦数据管理组织架构示例

各业务领域数据管理团队负责基于企业级的公司数据管理办公室和数据管理部，制定与数据管理相关的制度、流程、机制、支撑系统和数据架构，进行本领域数据能力建设，并协同本领域业务团队、IT团队进行本领域数据标准质量管控与数据价值场景挖掘。

但实践证明完全不干"实事"的企业级的公司数据管理办公室和数据管理部因为不直接产生业务价值，其生存空间比较小，制定的公司级的数据管理制度、流程、机制推行困难，容易脱离业务，且容易与IT部门和各业务线数据团队职能产生冲突。

因此，企业级的公司数据管理办公室和数据管理部除了制定公司级的数据管理制度、流程、机制以外，应该通过以下四个方面工作加强"存在感"：一是牵头打造公司统一的数据平台底座等通用性比较强且对企业资源消耗较大或建设难度较大、成本比较高的数据技术工具；二是建立相关数据集成和数据共享标准规范，主导公司统一数据集成和共享应用，发挥公司数据能力集约化价值；三是牵头负责跨业务领域数据模型建设，满足单一领域数据管理团队无法支持的跨领域数据共享应用需求；四是帮助缺乏数据能力的业务团队进行本领域数据标准质量管控与数据价值场景挖掘，并逐步帮助其搭建本业务领域数据管理组织，培养本业务领域数据管理能力。

联邦式数据管理组织架构的优点：一是数据管理和业务管理更好地融合，根据职责需要设置岗位角色，执行效率较高；二是能够实现较好的横向协调与组织；三是专业化分工清晰，有助于员工提升能力。

联邦式数据管理组织架构的缺点：一是横向需要较强的组织影响力与协调能力来推动数据管理工作；二是纵向的数据管控力度减弱，需要更强的评价手段进行过程监督。

联邦式数据管理对各业务线独立性要求较高、数据相关性要求较低，适合业务线比较多的集团型非数字原生企业。

集中式数据管理与联邦式数据管理最主要的区别在于数据管理专员是集中于企业级的数据管理办公室还是分布于各个业务部门（见图3-4）。联邦式数据管理组织架构适合于中小型企业或集团型企业，一般制造业企业基本采用的是联邦式的组织架构。

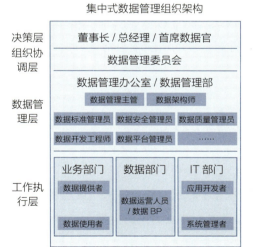

图3-4　集中式和联邦式数据管理组织架构对比图

三、分布式数据管理组织架构

分布式数据管理是按业务条线或事业部制定数据治理相关的政策和标准，并在各个业务条线或事业部分别开展数据治理工作，对目前各业务条线中的数据管理人员的工作进行监管，保证各领域的政策能够得到执行（见图3-5）。

图3-5 分布式数据管理组织架构示例

分布式数据管理组织架构的优势在于：一是能够较好地理解各业务单元的业务和文化，业务管理较易在单个业务领域上实现；二是在应用需求的基础上，数据问题可以在单个部门内快速解决，服务满意度高且对资源的要求不高。

然而，分布式数据管理组织架构缺乏企业级数据管理视角和统一管理，跨业务部门的协作非常困难，资源重复的情况较为常见。

✏️ **小贴士**

阿里巴巴集团数据治理

一、数据治理目标与原则

阿里巴巴集团明确了其大数据治理的核心理念——"数据共享，价值共创"。这意味着所有数据都将成为企业共同的财富，而不仅仅属于某个部门或团队。在此基础上，阿里巴巴制定了详细的数据管理规范，涵盖数据采集、存储、处理等多个环节，确保数据在整个生命周期内始终保持高质量状态。

二、数据治理组织架构

阿里巴巴的数据治理组织架构是围绕其大数据治理平台——DataWorks 构建的。DataWorks 基于多种大数据引擎,为数据仓库、数据湖、湖仓一体等解决方案提供统一的全链路大数据开发治理平台。这一平台不仅支撑了阿里巴巴自身的数据中台建设,还广泛服务于政务、央国企、金融、零售、互联网等多个行业,助力产业数字化升级。

阿里巴巴的数据资产治理组织架构分为三层(见图 3-6),整个架构的整体好处,是保证工作总体目标和方法统一,各领域的子目标服从于所属的业务部门,并且能够贴近业务。包含集团数据专业委员会、集团数据治理专题小组、各数据治理团队三个层面。

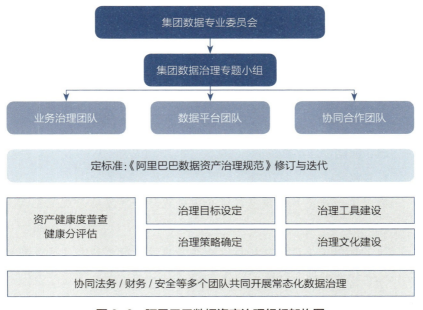

图 3-6 阿里巴巴数据资产治理组织架构图

数据专业委员会属于整个集团层面,主要是从宏观层面上的职能确认。首席数据官为该组织的牵头负责人，作为多个大部门共同执行落地的组织背书方。数据治理专题小组从属于集团专业委员会下，更专注于数据治理本身命题的，则是数据治理专题组——制定数据治理规范，协调各团队目标与进度，沉淀各类治理实践，组织数据治理运营等各项工作。数据治理团队各个功能部门下的领域数据治理部门，有专注于平台工具建设的数据平台团队、有专注自身业务领域下的对口业务数据治理团队，还有其他协同的财务、法务、安全团队，这些团队都有专人加入整个数据治理的工作中，以财年和季度为时间周期，确定各阶段的治理工作目标。各个数据治理团队的三个具体职能如下：一是业务治理团队，基于业务现状设立治理目标与重点方向落实数据治理规范、带动团队数据治理意识；二是数据平台团队，数据治理规范落地产品化，提高治理效率不断技术突破，规模化释放技术红利；三是协同合作团队，数据治理规范落地产品化，提高治理效率不断技术突破，规模化释放技术红利。

同时，阿里巴巴的数据治理组织架构还强调文化建设和长期治理目标。通过培养数据治理的文化氛围，确保每个员工都认识到数据资产的重要性，并积极参与数据治理活动。设定清晰的长期治理目标，指导数据治理工作有方向地不断朝着最终目标前进。

三、数据治理实践

1. 数据生产规范性治理

数据生产规范性治理包括数仓规范设计和开发运维规范化两个部分。

（1）数仓规范设计包括核心公共层建设、数据域和业务过程划分和统一的数据标准和规范三个方面：

在核心公共层建设中，阿里巴巴通过构建核心公共层来减少数据重复建设，并确保数据口径的一致性。核心公共层是数据仓库中的关键部分，它包含了企业业务中最为核心和通用的数据，这些数据经过严格的清洗、整合和标准化处理，为整个企业提供了统一、准确的数据视图。

在数据域和业务过程划分中，阿里巴巴在数仓规范设计中，明确划分了数据域和业务过程。数据域是对业务过程的抽象集合，它涵盖了企业业务中的所有关键领域；而业务过程则是对这些领域内具体行为的细化描述。通过清晰的划分和定义，阿里巴巴确保了数仓中的数据能够有序、有结构地组织和管理。

在统一的数据标准和规范中，阿里巴巴制定了一套统一的数据标准和规范，包括数据命名、数据格式、数据关系等方面的要求。这些标准和规范贯穿于数据生产、存储、处理和分析的各个环节，确保了数据的准确性和一致性。

（2）开发运维规范化包括环境隔离与权限控制、变更管理与审批流程两个方面：

在环境隔离与权限控制中，阿里巴巴实现了数据开发环境和生产环境的严格隔离，以防止开发过程中的误操作对生产数据造成影响。同时，阿里巴巴还实施了细粒度的权限控制机制，确保只有经过授权的人员才能访问和操作相关数据。

在变更管理与审批流程中，对于任何可能影响生产环境的变更请求，阿里巴巴都建立了严格的审批流程。这包括变更申请的提交、审核、测试和部署等多个环节，每个环节都需要经过相关人员的确认和批准，以确保变更的安全性和稳定性。

2. 数据生产稳定性治理

数据生产稳定性治理包括稳定可靠的调度服务、基线监控与资源管控和快速恢复机制三个部分：

在稳定可靠的调度服务中，阿里巴巴自研的天网调度系统能够支撑每日千万级别的任务量，并成功解决复杂依赖问题。该系统通过智能算法和强大的计算能力，确保了数据任务的准确、及时执行。

在基线监控与资源管控中，阿里巴巴通过基线监控机制，从业务视角定义了任务优先级，并实现了资源的合理分配和管控。这有助于确保关键数据任务在资源紧张时能够得到优先处理，从而保证整个数据生产流程的稳定性。

在快速恢复机制中，当数据任务出现错误或异常时，阿里巴巴的系统能够迅速进行诊断和自愈处理。同时，系统还会自动生成工单并通知相关人员，以便快速响应和解决问题。此外，阿里巴巴还支持批量重刷数据以快速恢复数据的一致性和完整性。

3. 数据生产质量治理

数据生产质量治理包括智能数据质量监控和灵活的质量规则配置两个部分：

在智能数据质量监控中，阿里巴巴通过智能数据质量监控机制，对数据的完整性、有效性、准确性、唯一性、一致性和合理性进行全面评估。该系统能够自动识别数据质量问题并给出修正建议，从而提高数据质量和管理效率。

在灵活的质量规则配置中，阿里巴巴支持灵活的质量规则定义，包括多种内置模板规则和自定义规则。用户可以根据实际需求选择或配置相应的质量规则，并通过机器学习技术智能确定规则的合理上下限值。这有助于确保数据质量监控的准确性和有效性。

4. 数据应用提效治理

数据应用提效治理包括数据地图与元数据管理和高效的数据建模与 ETL 开发两个部分：

在数据地图与元数据管理中，阿里巴巴的数据地图提供了数据发现、数据类目、数据检索、数据详情、数据预览与探查等功能，并支持异构数据源的元数据自动采集和目录构建。这有助于用户快速找到所需的数据资源，并了解数据的来源、结构和关系。

在高效的数据建模与 ETL 开发中，阿里巴巴提供了多种建模交互方式，包括可视化数据建模和导入 Excel 数据模型文档等。同时，系统还支持自动生成 ETL 伪代码，实现数据建模与数据开发的无缝衔接。这有助于提高开发效率、减少人为错误，并确保数据模型的准确性和可维护性。

5. 数据安全管控治理

数据安全管控治理包括细粒度数据权限控制、数据脱敏与加密处理以及 AI 风险识别与反欺诈系统三个方面：

在细粒度数据权限控制方面，阿里巴巴实施了细粒度的数据权限控制机制，确保只有经过授权的人员才能访问和操作相关数据。这包括对数据的读取、写入、删除等操作的权限控制，以及对敏感数据的特殊保护措施。

在数据脱敏与加密处理上，对于敏感数据，阿里巴巴采用了脱敏和加密等处理措施。脱敏处理是对数据中的敏感信息进行转换或隐藏，以防止数据泄露风险；而加密处理则是对数据进行加密存储和传输，以确保数据在传输过程中的安全性。

在 AI 风险识别与反欺诈系统中，阿里巴巴利用 AI 技术构建了强大的反欺诈系统，能够自动识别异常交易行为并采取相应措施。该系统通过分析交易数据中的异常模式和行为特征，及时发现并阻止潜在的欺诈行为，从而保护企业的资产安全和客户隐私。

6. 数据成本治理

数据成本治理包括数据资产盘点与分类分级、成本价值评估与优化以及资源治理与工具支持三个方面：

在数据资产盘点与分类分级方面，阿里巴巴通过数据资产盘点，理解数据资产内容，并构建资产类目以做好数据的分类分级和自动识别。这有助于企业更好地管理和利用数据资产，降低数据管理和存储的成本。

在成本价值评估与优化中，阿里巴巴追踪数据应用和剖析成本价值，从数据计算和存储两个维度来评估每份数据资产的成本和价值。通过智能识别低价值的数据资产和数据任务，并进行优化提示，阿里巴巴能够提升计算资源使用效率，减少无效的存储和计算成本。

在资源治理与工具支持方面，阿里巴巴通过工具（如 Dataphin）

支持资源治理工作。这些工具能够智能识别低价值的数据资产和数据任务，并提供优化建议以帮助企业降低数据生产成本。同时，阿里巴巴还不断优化自身的技术架构和平台能力，以提升数据治理的效率和效果。

第四章

数据治理制度体系

▶▶▶

　　数据治理制度体系作为数据治理框架中的核心组成部分，扮演着至关重要的角色。它不仅为组织提供了一套全面而系统的规范和管理数据的政策、标准以及流程，还确保了数据在整个生命周期内保持高质量、高安全性和高合规性。这一制度体系深入阐述了其独特的概念与特点，明确了其基于数据管理最佳实践的原理，以及在实际操作中应采取的具体方式。此外，它还着重指出了关键的实施点，这些实施点是成功构建和运行数据治理制度体系不可或缺的要素。最终，数据治理制度体系被广泛应用于各种场景，从日常的数据管理到复杂的跨部门数据共享，都离不开其强有力的支撑和保障。

第一节　数据治理制度体系的概念与特点

　　数据治理制度体系是当代企业信息化建设中不可或缺的一环，它代表了组织对于数据管理的一种高级形态和战略选择。在数字化转型日益加速的今天，数据已成为企业最宝贵的资产之一，而如何有效地管理和利用这些数据，则成为企业面临的一大挑战。数据治理制度体系正是在这样的背景下应运而生，它旨在通过一套系统化、规范化的管理框架，确保数据的质量、安全性、合规性以及价值最大化。

一、数据治理制度体系的概念

　　数据治理制度体系是指组织为实现对数据的全面、有效管理，而建立的一套包含政策、标准、流程、角色与职责等在内的综合管理体系。这一体系不仅关注数据的物理存储和技术处理，更侧重于数据的价值挖掘、风险防控以及合规性管理。它要求组织从战略高度出发，将数据视为核心资源，通过制定明确的战略目标和实施路径，推动数据在组织内部的合理流动和高效利用。

　　数据治理制度体系的核心在于"治理"二字，它强调的是一种自上而下的管理理念和方法论。通过设立专门的数据治理机构或委员会，明确各级管理人员和业务部门在数据管理中的职责和权限，形成一套完整的数据管理责任体系。同时，通过制定统一的数据标准、规范和数据质量监控机制，确保数据的准确性、一致性和完整性，为数据的分析和应用提供可靠的基础。

二、数据治理制度体系的特点

数据治理制度体系作为组织实现数据管理战略目标和提升数据价值的重要手段，具有系统性、规范性、动态性、协同性、安全性与合规性等多方面的特点。这些特点共同构成了数据治理制度体系的核心优势，为组织的数字化转型和持续发展提供了有力的支持。

第一是系统性。数据治理制度体系是一个涵盖数据全生命周期的综合性管理体系，它从数据的产生、采集、存储、处理、分析到销毁等各个环节都进行了全面的规范和管理。这种系统性确保了数据管理的连贯性和一致性，避免了因管理不善而导致的数据孤岛和数据质量问题。

第二是规范性。数据治理制度体系通过制定一系列的数据管理政策、标准和流程，为组织内的数据管理活动提供了明确的指导和约束。这些规范不仅确保了数据管理的合规性，还提高了数据管理的效率和效果。通过遵循统一的数据标准和规范，组织可以更容易地实现数据的共享和整合，从而发挥数据的最大价值。

第三是动态性。数据治理制度体系不是一成不变的，它需要随着组织的发展、技术的进步以及市场环境的变化而不断调整和优化。这种动态性确保了数据治理制度体系能够始终适应组织的实际需求，保持其有效性和先进性。通过定期的数据治理评估和审计，组织可以及时发现数据管理中存在的问题和不足，并采取相应的措施进行改进和优化。

第四是协同性。数据治理制度体系强调跨部门、跨业务领域的协同合作。在数据治理的过程中，需要各个业务部门和管理层级的共同参与和配合，形成一股合力。通过协同工作，组织可以更好地整合和利用数据资源，提高数据的价值和效益。同时，协同性还有助于建立组织内部的数据文化，提高员工对数据治理的认识和重视程度。

第五是安全性与合规性。数据治理制度体系将数据的安全性和合规性放在重要位置。通过制定严格的数据安全政策和措施，确保数据在存储、传输和处理过程中的安全性和保密性。同时，遵守相关的法律法规和行业标准，确保数据的合法性和合规性。这不仅保护了组织的利益和客户的隐私，还提升了组织的信誉和竞争力。

第二节　数据治理制度体系的原理

数据治理制度体系是确保数据质量、安全性和合规性的基石，其原理深入到了数据管理的各个方面，涵盖了责任明确、数据安全、元数据管理、数据质量管控、标准化与规范化、自动化与智能化以及全球化与本地化平衡等多个方面。这些原理共同构成了数据治理制度体系的核心框架，为组织实现高效、安全、合规的数据管理提供了有力保障。

一、责任明确原理

责任明确原理是数据治理制度体系中的基石，它强调了对数据全生命周期内责任分配的明确性。这一原理不仅要求明确数据的所有者，更要求这些所有者对其所管辖的数据从采集、存储、处理到使用的每一个环节都承担起相应的责任。这种责任制度确保了数据管理的每个阶段都有明确的责任人，从而极大地促进问题的追踪和解决。

在数据治理制度体系中，为了进一步细化责任，还会清晰界定各个关键角色的职责和权限，如数据管理员负责日常的数据维护和管理，数据架构师负责设计数据架构和确保数据的一致性，数据质量专员则专注于数据质量的监控和提升。这样的角色分配确保了各方在数据管理中能够协同工作，共同推动数据治理目标的实现。

二、数据安全原理

数据安全原理是数据治理制度体系中不可或缺的一部分，它主要关注数据的保护和合规性。根据数据的敏感程度和重要性，数据安全原理要求实施分级分类保护措施，以确保数据得到恰当的安全防护。这些措施包括但不限于数据加密、定期备份以及严格的访问控制，它们共同构成了数据安全的第一道防线。

此外，数据安全原理还强调遵守相关的法律法规和行业标准，以确保数据的合法性和合规性。这不仅涉及对个人隐私的保护，还包括对敏感数据的特殊处理，如加密存储、限制访问等。通过这些措施，数据安全原理为组织的数据资产提供了全方位的保护。

三、元数据管理原理

元数据管理原理是数据治理制度体系中提高数据可查性和可访问性的关键。它要求组织建立详尽的元数据目录，该目录应包含数据的来源、格式、存储位置以及质量信息等关键元数据。这样的目录有助于组织全面了解其数据资产，为数据的有效利用提供基础。

同时，元数据管理原理还强调建立元数据与实际数据的映射关联，以确保数据的准确性和一致性。通过元数据，组织可以快速定位和理解数据，从而提高数据使用的效率。此外，元数据管理原理还鼓励组织定期更新和维护元数据目录，以确保其准确性和完整性。

四、数据质量管控原理

数据质量管控原理是数据治理制度体系中确保数据准确性和可靠性的重要环节。它要求组织从数据采集源头开始，对数据质量实施全过程监控。这包括识别并纠正异常值、脏数据等质量问题，以确保数据的准确性和完整性。

为了实现这一目标，数据质量管控原理鼓励组织定期开展数据质量评估，并使用完整性、一致性、准确性、唯一性等衡量指标来评估数据的质量。根据评估结果，组织可以制定并实施改进措施，以持续提升数据质量。此外，数据质量管控原理还强调建立数据质量反馈机制，以便及时发现和解决数据质量问题。

五、标准化与规范化原理

标准化与规范化原理是数据治理制度体系中确保数据一致性和可比性的基础。它要求组织制定统一的数据标准，包括数据命名、数据定义、数据类型以及赋值规则等。这些标准有助于确保数据在组织和系统之间的一致性和可比性，从而提高数据的使用价值。

为了实现这些标准，标准化与规范化原理鼓励组织制定并执行严格的数据管理规范，确保各方在数据管理过程中遵循统一的标准和流程。同时，它还强调建立监督机制，对规范执行情况进行定期检查和评估，以确保标准的有效实施和持续改进。

第三节　数据治理制度体系的方式

数据治理制度体系的建设是一个系统性工程，它涉及企业数据管理的各个方面和环节。通过制定政策、建立标准、设计流程、培训与教育以及采取其他综合性的措施和方法，全面推进企业的数据治理工作，可以建立起一个完善的数据治理制度体系，实现数据的高效、准确和统一管理，为企业的决策和业务发展提供有力支持。

一、制定政策

为了确保企业数据管理的有效性和前瞻性，首要且核心的任务是根据企业的长远战略目标，进行深入的研究并精心制定数据管理总体方针。这一方针不仅将作为数据治理的基石，明确数据治理在企业运营中的战略地位，还将详尽地阐述数据治理对于企业发展的重要性、期望达成的宏伟目标，以及所有相关方必须严格遵循的基本原则。

在政策的制定过程中，企业应采取开放和包容的态度，广泛汲取国际数据管理协会、国际数据治理研究所等权威机构的最新研究成果和指导原则。通过与这些机构的合作与交流，可以确保企业的政策既具有前瞻性，能够预见未来数据管理的发展趋势，又符合科学管理和行业最佳实践的要求，从而确保政策的先进性和实用性。

此外，该政策还为企业的各个部门在数据管理的日常工作中提供明确的指导和必要的约束。企业应详细规定数据从采集、存储、处理、使用到共享和销毁的全生命周期内的管理要求，确保每一个环节都能得到合规、安全和高效的管理。为了增强政策的可操作性，企业还应制定具体的实施细则和操作指南，帮助各部门更好地理解和执行政策。

二、建立标准

为了实现数据的高效、准确和统一管理，企业应投入大量精力制定一套详尽而全面的数据管理标准。这套标准将涵盖数据的各个方面，包括数据的格式、命名规范、分类、编码以及数据交换和接口等关键要素。通过制定这些标准，企业能够确保数据在企业内部和外部的流通中保持一致性和可比性，从而提高数据的质量和利用价值。

在制定标准时，企业应深入调研行业内的先进标准和最佳实践，确保企业的标准既符合国际趋势，又能满足企业的实际需求。企业还应与业务部门紧密合作，了解他们的具体需求和痛点，确保制定的标准能够真正解决实际问题。

同时，企业应建立严格的数据质量标准体系，包括数据的完整性、准确性、一致性、及时性和可追溯性等关键指标。通过定期的数据质量评估、问题排查和持续改进机制，可以确保数据的可靠性和可用性，为企业的决策和运营提供坚实的数据支撑。

三、设计流程

为了满足数据管理的复杂需求和实现数据价值的最大化，企业应根据业务特点和数据管理目标，精心规划和设计数据管理各个环节的详细流程。这些流程将涵盖数据采集、清洗、转换、存储、分析、应用和销毁等关键步骤，确保数据在流动过程中得到合规、安全和高效的处理。

在设计流程时，企业应遵循标准化、规范化、自动化和高效利用的原则。引入先进的流程管理工具和自动化技术，可以提高数据管理的效率和效果，减少人为干预和误操作的风险。同时，企业还应注重流程的可视化和可追溯性，确保数据的流动过程清晰透明，便于监控和管理。

为了确保流程的持续优化和升级，应建立流程监控和评估机制。定期对数据管理流程进行审查和改进，可以及时发现并解决存在的问题和不足，确保流程能够适应企业业务的发展和数据环境的变化。

四、培训与教育

为了提升全体员工的数据治理意识和能力，企业应组织一系列系统而全面的数据治理相关知识和技能的培训活动。这些培训将涵盖数据治理的基本概念、政策、标准、流程、技术以及行业最佳实践等关键内容，确保员工能够熟练掌握数据管理的相关知识和技能，并将其应用于日常工作中。

企业应采用多种培训方式相结合的方法，如线上课程、线下研讨会、实操演练等，以满足不同层次员工的学习需求。同时，还应建立数据治理的激励机制和考核机制，将数据治理的表现与员工绩效挂钩，激发员工的积极性和主动性。

通过培训和教育，努力营造全员参与数据治理的良好氛围，只有当每个员工都充分认识到数据治理的重要性，并积极参与到数据治理的工作中来，才能够真正实现数据的高效、准确和统一管理。

五、其他方式和方法

为了确保数据治理工作的有效开展和持续推进，企业应采取一系列综合性的措施和方法。

首先，成立专门的数据治理委员会或类似机构，负责数据治理的规划、实施和监督工作。这个机构应由企业高层领导亲自挂帅，确保数据治理工作的权威性和专业性。企业应明确数据治理组织的职责和权限，建立健全的工作机制和流程，确保各项工作能够有序、高效地进行。

其次，企业应制定一系列具体而详尽的数据治理制度，如数据质量管理制度、数据安全管理制度、数据合规管理制度等。这些制度将涵盖数据管理的各个方面和环节，为数据治理提供有力的制度保障。应注重制度的可操作性和可执行性，确保制度能够真正落地执行。

最后，还应积极引入和应用先进的技术手段，如数据治理平台、数据质量管理工具、数据安全加密技术等。通过技术手段的支持和辅助，实现数据的自动化管理、监控和预警，减少人为干预和误操作的风险，确保数据治理工作的准确性和可靠性。企业还应持续关注行业动态和技术发展趋势，及时更新和升级我们的技术手段，以保持数据治理工作的先进性和竞争力。

第四节　数据治理制度体系的实施关键点

数据治理制度体系的实施是一个持续优化和改进的过程，需要企业高层管理者的重视和支持，以及全体员工的积极参与和配合。通过明确战略定位、建立组织架构、制定政策规程、建立流程监控、加强培训文化、引入技术支持以及持续优化改进等关键点的深入实施和细化，企业可以建立更加完善的数据治理体系，提高数据管理的效率和效果，为企业的数字化转型和长期发展提供有力支撑。

一、明确数据治理的战略定位与目标

首先是进行战略融合与驱动。将数据治理视为企业战略转型和数字化转型的关键驱动力，确保数据治理战略与企业整体战略紧密相连，共

同推动企业的长期发展。通过数据治理，优化资源配置，提升决策效率，加速产品创新，增强市场竞争力。

其次是进行目标细化与量化。在设定数据治理目标时，应进一步细化，如提高数据质量的数据准确率、完整率等指标、缩短数据处理周期的具体时间、降低数据安全事件的发生率等。同时，这些目标应与企业的 KPI 体系相结合，确保数据治理工作的成效能够直接体现在企业的业绩上。

二、建立数据治理组织架构与职责分工

除了成立数据治理委员会外，还可以根据企业规模和数据治理的复杂度，设立数据管理部门、数据运维团队、数据安全小组等，形成多层次、立体化的组织架构。

对于每个数据治理角色，应明确其具体的职责范围、工作要求、考核标准等，确保每个角色都能在自己的领域内发挥最大的作用。同时，应建立跨部门协作机制，确保数据治理工作可以顺畅进行。

三、制定详细的数据治理政策与规程

首先要保证政策全面覆盖。数据治理政策应涵盖数据管理的各个方面，如数据采集、存储、处理、分析、共享、销毁等，确保数据的全生命周期都得到有效的管理。

其次要保证规程的可操作性。数据治理规程应具有可操作性，能够指导员工在具体工作中如何执行数据治理政策。例如，可以制定详细的数据清洗流程、数据访问申请流程、数据安全事件处理流程等。

四、建立数据治理流程与监控机制

首先通过标准化数据治理流程，提高数据管理的效率和一致性。同时，可以利用自动化技术，如工作流引擎、数据治理平台等，实现数据治理流程的自动化，减少人工干预，降低错误率。

其次建立数据治理监控和预警机制，实时监控数据的质量、安全、性能等指标，一旦发现异常情况，能够及时预警并采取措施进行处理。这有助于确保数据的稳定性和可靠性，减少数据风险。

五、加强数据治理培训与文化建设

数据治理培训应采用多种形式，如线上课程、线下研讨会、实操演练等，以满足不同员工的学习需求和兴趣。同时，应定期更新培训内容，确保员工能够掌握最新的数据治理知识和技能。

应将数据治理文化融入企业的日常运营中，通过宣传、奖励、考核等方式，引导员工形成良好的数据意识和行为习惯。例如，可以设立数据治理优秀个人或团队奖项，表彰在数据治理工作中表现突出的员工。

六、引入先进技术与工具支持

在选择数据治理技术和工具时，应充分考虑企业的实际情况和需求，选择最适合的技术和工具进行集成和应用。同时，应关注技术的可扩展性和兼容性，确保数据治理平台能够随着企业业务的发展而不断升级和扩展。

应利用人工智能、机器学习等先进技术，实现数据治理的智能化和自动化。例如，可以利用智能算法对数据进行自动分类、标签化、清洗等操作，提高数据处理的效率和准确性。

七、持续优化与改进

首先要建立数据治理反馈机制，鼓励员工提出意见和建议，及时收集和处理反馈信息。这有助于发现数据治理工作中存在的问题和不足，为优化和改进提供依据。

其次要定期对数据治理策略、组织架构、政策规程、流程监控等方面进行评估和调整。评估时应关注数据治理的成效、效率、成本等方面，根据评估结果进行相应的调整和优化。同时，应关注行业动态和技术发展趋势，及时调整数据治理策略和技术选型，确保数据治理工作的先进性和实用性。

第五节 数据治理制度体系的运用场景

数据治理制度体系在企业的各个场景中都发挥着举足轻重的作用。通过加强数据质量管理、数据安全与隐私保护、数据合规管理以及数据平台建设与管理等方面的工作，企业能够全面提升数据治理水平，为业务发展和创新提供有力支撑。同时，数据治理制度体系还能够帮助企业构建数据文化，增强员工的数据意识和数据素养，为企业的长期发展奠定坚实基础。在数字化转型和智能化升级的道路上，数据治理制度体系将始终是企业不可或缺的重要基石。

一、数据质量管理

数据质量管理是数据治理制度体系的核心组成部分，它关乎企业数据的准确性、完整性、一致性和时效性。在企业的各个场景中，数据质量管理都发挥着不可替代的作用。例如，在市场营销领域，通过数据质量管理，企业能够确保客户数据的准确性和完整性，从而更精准地定位目标客户，制定有效的营销策略。在供应链管理领域，数据质量管理则能够帮助企业实时追踪库存状态、物流信息等，确保供应链的顺畅运行。通过持续的数据质量监控和改进，企业能够不断提升数据价值，为业务决策提供更加可靠的依据。

二、数据安全与隐私保护

在数字化时代，数据安全与隐私保护已成为企业不可忽视的重要议题。数据治理制度体系通过制定全面的数据安全政策，结合先进的加密技术、访问控制机制、数据脱敏以及数据匿名化等手段，可以确保企业数据在采集、存储、处理和传输过程中的安全性和隐私保护。在金融行业，数据安全与隐私保护更是至关重要，金融机构需要严格遵守相关法律法规，保护客户的资金安全和个人隐私。通过加强数据安全防护，企业能够赢得客户的信任，保障业务稳健发展，同时避免因数据泄露而带来的法律风险和经济损失。

三、数据合规管理

随着全球数据保护法规的不断加强，数据合规管理已成为企业数据治理的必备要素。企业需要严格遵守相关法律法规和行业标准，如欧盟的 GDPR、美国的 CCPA、中国的个人信息保护法等，以确保数据处理的合法性和合规性。在跨国企业中，数据合规管理尤为重要，因为不同国家和地区的数据保护法规可能存在差异。通过建立健全的数据合规管理体系，企业能够有效避免法律风险，维护企业声誉和客户信任。同时，数据合规管理还能够促进企业与监管机构之间的良好沟通，为企业的国际化发展提供有力支持。

四、数据平台建设与管理

数据平台是企业数据治理的重要基础设施，它集成了数据质量管理、数据隐私保护、数据合规管理等多项功能，为企业提供全面的数据治理解决方案。在大型企业中，数据平台的建设与管理是数据治理的重要任务之一。通过构建高效的数据平台，企业能够实现数据的集中管理、统一视图和快速响应，从而提升数据治理的效率和效果。数据平台还能够为企业提供强大的数据分析能力，支持数据挖掘、机器学习等高级应用，帮助企业发现数据背后的价值、驱动业务创新。同时，数据平台的建设还能够促进企业内部各部门之间的数据共享和协同工作，提高企业的整体运营效率。

第六节　数据治理制度体系的框架

构建数据治理制度体系，首先要符合企业的数据战略，并充分结合现有的数据治理组织架构与管理现状，体现、贯彻和落实数据治理的顶层设计要求，逐步将数据治理体系纳入全企业的管理实践中。根据数据管理的层次和授权决策次序，数据治理制度体系框架应分为章程、专项办法、工作细则三级。该框架规定了数据管理的具体领域、目标、行动原则、任务、工作方式、一般步骤和具体措施等。

一、章程政策层

数据治理政策是企业开展数据治理的指导蓝图，通常由企业管理层或领导层制定，一般包括企业实施数据治理的目标、指导原则、数据治理实施的总体要求、问题处理机制等。数据治理政策是指导企业内部进行数据治理的基础政策，是建立和完善数据体系所必须遵循的基本原则。数据管理制度是指引企业不同岗位的人员如何在系统的支撑下，管理使用企业数据，所以需要具备可读性、可执行性，否则数据管理制度毫无价值。

企业要明确数据管理组织和数据管理岗位的权责，按照DAMA的数据管理组织理论，一方面需要写清楚企业支撑数据工作的数据管理组织架构，如数据标准化委员会、数据管理指导委员会、数据决策层、数据执行层等。每个数据组织下需要明确数据的责任人和岗位，如数据系统管理员、数据负责人、数据协调人，数据管理岗、数据维护岗等。每个岗位的具体职责，需要清晰地说明，也可以配合流程进一步说明。

另一方面需要明确数据组织的数据责任范围，不同的数据对象可能需要由不同的业务人员进行管理，包括业务规则、业务标准的输出。同时针对不同的数据对象的数据责任人需要明确，因为他是业务标准最终输出的指定人，这样才能够贴近业务经营，也可以及时将业务标准的变化反馈到系统端，让数据管理紧跟业务发展。

1. 集团决策组

集团决策组包括委员会决策组以及委员会执行人。委员会决策组是数据标准管理工作的战略规划指导者，具有最高决策审批权，负责发布数据标准管理工作战略规划，管理方案（包括管控方式、管控原则、责任部门等）及考核办法。委员会执行人负责传达企业高层的战略建议、协调跨业务线争议事项、组织数据管理委员会工作。

2. 集团管理组

集团管理组的职责包括制定数据标准管理整体战略框架、目标与规划；协调跨区域、跨部门争议事项；制订数据标准管理方案及考核指标，统筹监控数据标准推广、执行情况；组织单周或双周会议，对数据质量平台的晾晒结果进行工作指示，传达决策组对于数据标准管理方案的要求，并发布具体执行计划。

3. 区域 / 分公司数据执行层

执行层包括数据标准执行管理员和数据录入者。数据标准执行管理员负责监督其数据标准工作的完成情况，传达集团管理组及工作组的管理要求、明确考核标准，推进对应区域和数据管理工作，监督数据执行数据录入情况，变更操作工作。数据录入者按照集团数据标准录入、调整数据，完成数据采集工作。

4. 数据治理章程

数据治理章程是最高层次的数据治理政策，旨在指导全企业数据治理、管理活动，防范数据风险，是建立和完善数据体系的基本原则和纲领，用来确保数据治理工作有效开展，支撑各数据管理专项领域进行质量管理和应用。该章程包含数据治理总则、管理范围、组织架构、专项规定、问题处理机制等，涉及全过程的创造、传输、整合、安全、质量和应用。专项办法和细则应在符合数据治理章程原则和纲领的基础上制定（见图 4-1）。

图 4-1　数据治理章程框架

二、专项办法层

专项办法，有些企业也叫管理制度，确保了对数据治理和各数据治理领域进行有效控制和使用的业务职责、问责和流程管理。该制度一般由数据治理业务和技术综合管理层人员制定，是为各个数据治理领域内的活动开展而制定的一系列办法、规则和流程。

数据治理工作涵盖广泛，涉及众多专业领域。为了确保数据治理工作的有效开展，企业需要在《数据治理章程》的指导下，依托数据治理原则和组织架构职责，根据各专项领域的工作特点，制定相应的管理办法（见表 4-1）。这些管理办法可以用来指导各项工作在全企业的有序开展，确保数据的创造、传输、整合、安全、质量和应用得到有效管理和控制。通过建立完善的组织架构和管理体系，企业可以更好地实现数据治理的目标，提升数据质量和管理水平，为业务决策和风险管理提供有力支持。

表 4-1 数据治理专项领域和专项办法示例

数据治理专项领域	专项办法示例
统计与监管报送	《监管报送数据管理办法》
绩效管理	《数据治理问责与考核办法》
数据标准	《数据标准管理办法》
数据质量	《数据质量管理办法》
元数据	《元数据管理办法》
主数据	《主数据管理办法》
数据安全	《数据安全分级分类管理办法》
……	……

1. 数据资源目录构建规范

数据资源目录是指以企业全局视角对全部数据资源进行分类，以便对数据资源进行管理、识别、定位、发现和共享，形成的条目清单。数据资源目录构建规范用于指导数据资源盘点、设计主题域、识别业务对象并梳理属性、构建主题域层级关系及子主题域与业务对象的归属关系。

2. 数据标准管理规范

数据标准是指数据的命名、定义、结构和取值的规则。数据标准管理规范应明确数据标准分类（如数据元标准、主数据标准和指标类数据标准等），统一标准定义，规范业务属性、技术属性和管理属性的定义要求，并制定相应的实施流程要求。

3. 数据架构管理规范

数据架构管理规范应明确架构管理原则、模型设计要求、数据分布指南、数据源管理原则等。数据模型是用于描述现实世界业务对象的属性及对象之间关系的一种抽象模型；数据分布是指数据在业务流程和信息系统中分布和流转的全景视图。

4. 数据质量管理规范

数据质量是在指定条件下使用时，数据的特性满足明确和隐含要求的程度。数据质量管理规范应明确数据管理总体要求、数据质量计划、数据质量控制、数据质量评估与数据质量改进具体内容，以及数据质量评价指标等。

5. 数据安全与共享管理规范

数据安全与共享管理规范应定义数据安全标准和数据保护策略、数据安全等级和数据共享类型，并明确数据共享流程。数据安全是通过管理和技术措施，确保数据有效保护和合规使用的状态；数据共享是让不同的用户能够访问数据服务所整合的各种数据资源，并通过数据服务或数据交换技术对这些数据资源进行相关的计算、分析、可视化等处理的行为。

6. 元数据管理规范

元数据是指关于数据或数据元素的数据，以及关于数据拥有权、存取路径、访问权和数据易变性的数据。元数据管理规范应对元数据进行分类，通常分为业务元数据、技术元数据、管理元数据，确保元数据覆盖的全面性。同时，应规范元数据设计、采集、注册、运维等各环节的管理要求和流程。

数据治理专项办法是承接数据治理章程并对其具体化的重要文件，规定了该专项工作的总则、工作内容与范围、组织架构与职责，并明确了该专项工作下主要的工作任务（见图 4-2）。通过制定专项办法，企业可以在章程的指导下，更好地组织和协调各专项领域的工作，确保数据治理工作的全面推进和有效实施。同时，专项办法还可以根据各专项领域的特点，制定具体的工作流程、规范和标准，为工作人员提供明确的指导和参考，进一步提高工作效率和质量。

三、工作细则层

数据管理细则是数据管理制度的方法、技术和完成特定活动或任务的步骤规程，一般由不同数据领域的数据管理人员制定，用来确保各个数据治理制度执行落实而派生出来的实施细则与数据规范。

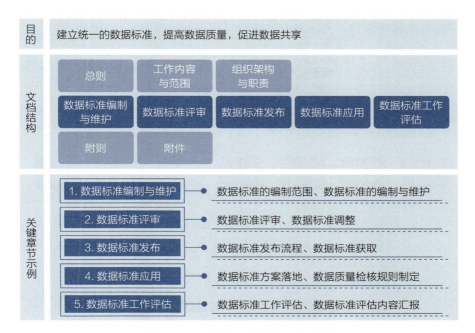

图 4-2 《数据标准管理办法》框架

　　实施细则旨在指导业务人员按照规范化流程开展数据治理工作。实施细则涵盖数据需求的提出、数据的采集处理、数据的共享流通等全过程的数据操作管理规范，用来保证数据治理工作有据、可行、可控。实施细则通常包括数据治理职能规范（如对口业务部门的管理办法和实施细则），数据治理技术规范（如数据字典规范模板、数据模型设计规范模板、数据接口规范模板、元数据设计模板、主数据设计模板等）。

　　在各专项管理办法的基础上，企业需要进一步细化各项工作操作流程，制定相应的流程细则。这些流程细则可以包括数据治理的日常工作内容、流程和标准，能为一线工作人员提供具体的指导和规范，确保数据治理工作得到有效执行和落实（见图 4-3）。通过这些流程细则的制定，企业可以将顶层设计贯穿至数据治理的日常工作之中，提高数据治理工作的质量和效率。同时，这些流程细则还可以为企业提供标准化的数据治理操作流程，确保数据的创造、传输、整合、安全、质量和应用得到规范化的管理，为全企业数据治理和提升奠定基础。

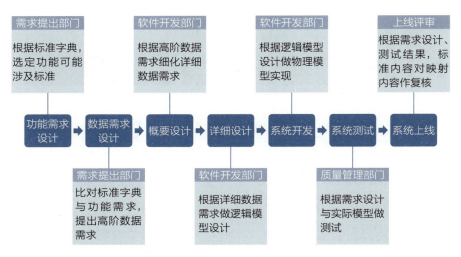

图 4-3 《数据标准管理细则》数据标准方案落地部分

数据治理工作涉及范围广泛，与业务运营、IT 管理、信息安全等多个领域密切相关。在构建数据治理工作体系时，企业需要清晰地界定各专项领域的工作内容，划定工作范围，并明确数据治理工作与各相关工作的内涵差异和职责边界。为了确保数据治理制度体系整体内容的完整性和与各周边相关工作的有效衔接，企业需要将各专项管理办法进一步细化为具体的流程细则，并确保这些流程细则能够指导一线工作人员按照规范化流程开展数据治理工作。通过这种方式，企业可以提高数据治理工作的质量和效率，为其全数据治理和提升奠定基础。

✒️ **小贴士**

中共中央 国务院关于构建数据基础制度更好发挥
数据要素作用的意见
（2022 年 12 月 2 日）

数据作为新型生产要素，是数字化、网络化、智能化的基础，已快速融入生产、分配、流通、消费和社会服务管理等各环节，深刻改变着生产方式、生活方式和社会治理方式。数据基础制度建设事关国家发展和安全大局。为加快构建数据基础制度，充分发挥我国海量数据规模和丰富应用场景优势，激活数据要素潜能，做强做优做大数字经济，增强经济发展新动能，构筑国家竞争新优势，现提出如下意见。

一、总体要求

（一）指导思想

以习近平新时代中国特色社会主义思想为指导，深入贯彻党的二十大精神，完整、准确、全面贯彻新发展理念，加快构建新发展格局，坚持改革创新、系统谋划，以维护国家数据安全、保护个人信息和商业秘密为前提，以促进数据合规高效流通使用、赋能实体经济为主线，以数据产权、流通交易、收益分配、安全治理为重点，深入参与国际高标准数字规则制定，构建适应数据特征、符合数字经济发展规律、保障国家数据安全、彰显创新引领的数据基础制度，充分实现数据要素价值、促进全体人民共享数字经济发展红利，为深化创新驱动、推动高质量发展、推进国家治理体系和治理能力现代化提供有力支撑。

（二）工作原则

——遵循发展规律，创新制度安排。充分认识和把握数据产权、流通、交易、使用、分配、治理、安全等基本规律，探索有利于数据安全保护、有效利用、合规流通的产权制度和市场体系，完善数据要素市场体制机制，在实践中完善，在探索中发展，促进形成与数字生产力相适应的新型生产关系。

——坚持共享共用，释放价值红利。合理降低市场主体获取数据的门槛，增强数据要素共享性、普惠性，激励创新创业创造，强化反垄断和反不正当竞争，形成依法规范、共同参与、各取所需、共享红利的发展模式。

——强化优质供给，促进合规流通。顺应经济社会数字化转型发展趋势，推动数据要素供给调整优化，提高数据要素供给数量和质量。建立数据可信流通体系，增强数据的可用、可信、可流通、可追溯水平。实现数据流通全过程动态管理，在合规流通使用中激活数据价值。

——完善治理体系，保障安全发展。统筹发展和安全，贯彻总体国家安全观，强化数据安全保障体系建设，把安全贯穿数据供给、流通、使用全过程，划定监管底线和红线。加强数据分类分级管理，把该管的管住、该放的放开，积极有效防范和化解各种数据风险，形成政府监管与市场自律、法治与行业自治协同、国内与国际统筹的数据要素治理结构。

——深化开放合作，实现互利共赢。积极参与数据跨境流动国际规则制定，探索加入区域性国际数据跨境流动制度安排。推动数据跨境流动双边多边协商，推进建立互利互惠的规则等制度安排。鼓励探索数据跨境流动与合作的新途径新模式。

二、建立保障权益、合规使用的数据产权制度

探索建立数据产权制度，推动数据产权结构性分置和有序流通，结合数据要素特性强化高质量数据要素供给；在国家数据分类分级保护制度下，推进数据分类分级确权授权使用和市场化流通交易，健全数据要素权益保护制度，逐步形成具有中国特色的数据产权制度体系。

（三）探索数据产权结构性分置制度

建立公共数据、企业数据、个人数据的分类分级确权授权制度。根据数据来源和数据生成特征，分别界定数据生产、流通、使用过程中各参与方享有的合法权利，建立数据资源持有权、数据加工使用权、数据产品经营权等分置的产权运行机制，推进非公共数据按市场化方式"共同使用、共享收益"的新模式，为激活数据要素价值创造和价值实现提供基础性制度保障。研究数据产权登记新方式。

在保障安全前提下，推动数据处理者依法依规对原始数据进行开发利用，支持数据处理者依法依规行使数据应用相关权利，促进数据使用价值复用与充分利用，促进数据使用权交换和市场化流通。审慎对待原始数据的流转交易行为。

（四）推进实施公共数据确权授权机制

对各级党政机关、企事业单位依法履职或提供公共服务过程中产生的公共数据，加强汇聚共享和开放开发，强化统筹授权使用和管理，推进互联互通，打破"数据孤岛"。鼓励公共数据在保护个人隐私和确保公共安全的前提下，按照"原始数据不出域、数据可用不可见"的要求，以模型、核验等产品和服务等形式向社会提供，对不承载个人信息和不影响公共安全的公共数据，推动按用途加大供给使用范围。推动用于公共治理、公益事业的公共数据有条件无偿使用，探索用于产业发展、行业发展的公共数据有条件有偿使用。依法依规予以保密的公共数据不予开放，严格管控未依法依规公开的原始公共数据直接进入市场，保障公共数据供给使用的公共利益。

（五）推动建立企业数据确权授权机制

对各类市场主体在生产经营活动中采集加工的不涉及个人信息和公共利益的数据，市场主体享有依法依规持有、使用、获取收益的权益，保障其投入的劳动和其他要素贡献获得合理回报，加强数据要素供给激励。

鼓励探索企业数据授权使用新模式，发挥国有企业带头作用，引导行业龙头企业、互联网平台企业发挥带动作用，促进与中小微企业双向公平授权，共同合理使用数据，赋能中小微企业数字化转型。

支持第三方机构、中介服务组织加强数据采集和质量评估标准制定，推动数据产品标准化，发展数据分析、数据服务等产业。政府部门履职可依法依规获取相关企业和机构数据，但须约定并严格遵守使用限制要求。

（六）建立健全个人信息数据确权授权机制

对承载个人信息的数据，推动数据处理者按照个人授权范围依法依规采集、持有、托管和使用数据，规范对个人信息的处理活动，不得采取"一揽子授权"、强制同意等方式过度收集个人信息，促进个人信息合理利用。探索由受托者代表个人利益，监督市场主体对个人信息数据进行采集、加工、使用的机制。对涉及国家安全的特殊个人信息数据，可依法依规授权有关单位使用。加大个人信息保护力度，推动重点行业建立完善长效保护机制，强化企业主体责任，规范企业采集使用个人信息行为。创新技术手段，推动个人信息匿名化处理，保障使用个人信息数据时的信息安全和个人隐私。

（七）建立健全数据要素各参与方合法权益保护制度

充分保护数据来源者合法权益，推动基于知情同意或存在法定事由的数据流通使用模式，保障数据来源者享有获取或复制转移由其促成产生数据的权益。合理保护数据处理者对依法依规持有的数据进行自主管控的权益。

在保护公共利益、数据安全、数据来源者合法权益的前提下，承认和保护依照法律规定或合同约定获取的数据加工使用权，尊重数据采集、加工等数据处理者的劳动和其他要素贡献，充分保障数据处理者使用数据和获得收益的权利。保护经加工、分析等形成数据或数据衍生产品的经营权，依法依规规范数据处理者许可他人使用数据或数据衍生产品的权利，促进数据要素流通复用。

建立健全基于法律规定或合同约定流转数据相关财产性权益的机制。在数据处理者发生合并、分立、解散、被宣告破产时，推动相关权利和义务依法依规同步转移。

三、建立合规高效、场内外结合的数据要素流通和交易制度

完善和规范数据流通规则，构建促进使用和流通、场内场外相结合的交易制度体系，规范引导场外交易，培育壮大场内交易；有序发展数据跨境流通和交易，建立数据来源可确认、使用范围可界定、流通过程可追溯、安全风险可防范的数据可信流通体系。

（八）完善数据全流程合规与监管规则体系

建立数据流通准入标准规则，强化市场主体数据全流程合规治理，确保流通数据来源合法、隐私保护到位、流通和交易规范。结合数据流通范围、影响程度、潜在风险，区分使用场景和用途用量，建立数据分类分级授权使用规范，探索开展数据质量标准化体系建设，加快推进数据采集和接口标准化，促进数据整合互通和互操作。

支持数据处理者依法依规在场内和场外采取开放、共享、交换、交易等方式流通数据。鼓励探索数据流通安全保障技术、标准、方案。支持探索多样化、符合数据要素特性的定价模式和价格形成机制，推动用于数字化发展的公共数据按政府指导定价有偿使用，企业与个人信息数据市场自主定价。

加强企业数据合规体系建设和监管，严厉打击黑市交易，取缔数据流通非法产业。建立实施数据安全管理认证制度，引导企业通过认证提升数据安全管理水平。

（九）统筹构建规范高效的数据交易场所

加强数据交易场所体系设计，统筹优化数据交易场所的规划布局，严控交易场所数量。出台数据交易场所管理办法，建立健全数据交易规则，制定全国统一的数据交易、安全等标准体系，降低交易成本。

引导多种类型的数据交易场所共同发展，突出国家级数据交易场所合规监管和基础服务功能，强化其公共属性和公益定位，推进数据交易场所与数据商功能分离，鼓励各类数据商进场交易。规范各地区各部门设立的区域性数据交易场所和行业性数据交易平台，构建多层次市场交易体系，推动区域性、行业性数据流通使用。

促进区域性数据交易场所和行业性数据交易平台与国家级数据交易场所互联互通。构建集约高效的数据流通基础设施，为场内集中交易和场外分散交易提供低成本、高效率、可信赖的流通环境。

（十）培育数据要素流通和交易服务生态

围绕促进数据要素合规高效、安全有序流通和交易需要，培育一批数据商和第三方专业服务机构。通过数据商，为数据交易双方提供数据产品开发、发布、承销和数据资产的合规化、标准化、增值化服务，促进提高数据交易效率。

在智能制造、节能降碳、绿色建造、新能源、智慧城市等重点领域，大力培育贴近业务需求的行业性、产业化数据商，鼓励多种所有制数据商共同发展、平等竞争。有序培育数据集成、数据经纪、合规认证、安全审计、数据公证、数据保险、数据托管、资产评估、争议仲裁、风险评估、人才培训等第三方专业服务机构，提升数据流通和交易全流程服务能力。

（十一）构建数据安全合规有序跨境流通机制

开展数据交互、业务互通、监管互认、服务共享等方面国际交流合作，推进跨境数字贸易基础设施建设，以《全球数据安全倡议》为基础，积极参与数据流动、数据安全、认证评估、数字货币等国际规则和数字技术标准制定。

坚持开放发展，推动数据跨境双向有序流动，鼓励国内外企业及组织依法依规开展数据跨境流动业务合作，支持外资依法依规进入开放领域，推动形成公平竞争的国际化市场。

针对跨境电商、跨境支付、供应链管理、服务外包等典型应用场景，探索安全规范的数据跨境流动方式。统筹数据开发利用和数据安全保护，探索建立跨境数据分类分级管理机制。对影响或者可能影响国家安全的数据处理、数据跨境传输、外资并购等活动依法依规进行国家安全审查。

按照对等原则，对维护国家安全和利益、履行国际义务相关的属于管制物项的数据依法依规实施出口管制，保障数据用于合法用途，防范数据出境安全风险。探索构建多渠道、便利化的数据跨境流动监管机制，健全多部门协调配合的数据跨境流动监管体系。反对数据霸权和数据保护主义，有效应对数据领域"长臂管辖"。

四、建立体现效率、促进公平的数据要素收益分配制度

顺应数字产业化、产业数字化发展趋势，充分发挥市场在资源配置中的决定性作用，更好发挥政府作用。完善数据要素市场化配置机制，扩大数据要素市场化配置范围和按价值贡献参与分配渠道。完善数据要素收益的再分配调节机制，让全体人民更好共享数字经济发展成果。

（十二）健全数据要素由市场评价贡献、按贡献决定报酬机制

结合数据要素特征，优化分配结构，构建公平、高效、激励与规范相结合的数据价值分配机制。坚持"两个毫不动摇"，按照"谁投入、谁贡献、谁受益"原则，着重保护数据要素各参与方的投入产出收益，依法依规维护数据资源资产权益，探索个人、企业、公共数据分享价值收益的方式，建立健全更加合理的市场评价机制，促进劳动者贡献和劳动报酬相匹配。

推动数据要素收益向数据价值和使用价值的创造者合理倾斜，确保在开发挖掘数据价值各环节的投入有相应回报，强化基于数据价值创造和价值实现的激励导向。通过分红、提成等多种收益共享方式，平衡兼顾数据内容采集、加工、流通、应用等不同环节相关主体之间的利益分配。

（十三）更好发挥政府在数据要素收益分配中的引导调节作用

逐步建立保障公平的数据要素收益分配体制机制，更加关注公共利益和相对弱势群体。加大政府引导调节力度，探索建立公共数据资源开放收益合理分享机制，允许并鼓励各类企业依法依规依托公共数据提供公益服务。

推动大型数据企业积极承担社会责任，强化对弱势群体的保障帮扶，有力有效应对数字化转型过程中的各类风险挑战。

不断健全数据要素市场体系和制度规则，防止和依法依规规制资本在数据领域无序扩张形成市场垄断等问题。统筹使用多渠道资

金资源，开展数据知识普及和教育培训，提高社会整体数字素养，着力消除不同区域间、人群间数字鸿沟，增进社会公平、保障民生福祉、促进共同富裕。

五、建立安全可控、弹性包容的数据要素治理制度

把安全贯穿数据治理全过程，构建政府、企业、社会多方协同的治理模式，创新政府治理方式，明确各方主体责任和义务，完善行业自律机制，规范市场发展秩序，形成有效市场和有为政府相结合的数据要素治理格局。

（十四）创新政府数据治理机制

充分发挥政府有序引导和规范发展的作用，守住安全底线，明确监管红线，打造安全可信、包容创新、公平开放、监管有效的数据要素市场环境。强化分行业监管和跨行业协同监管，建立数据联管联治机制，建立健全鼓励创新、包容创新的容错纠错机制。

建立数据要素生产流通使用全过程的合规公证、安全审查、算法审查、监测预警等制度，指导各方履行数据要素流通安全责任和义务。建立健全数据流通监管制度，制定数据流通和交易负面清单，明确不能交易或严格限制交易的数据项。

强化反垄断和反不正当竞争，加强重点领域执法司法，依法依规加强经营者集中审查，依法依规查处垄断协议、滥用市场支配地位和违法实施经营者集中行为，营造公平竞争、规范有序的市场环境。在落实网络安全等级保护制度的基础上全面加强数据安全保护工作，健全网络和数据安全保护体系，提升纵深防护与综合防御能力。

（十五）压实企业的数据治理责任

坚持"宽进严管"原则，牢固树立企业的责任意识和自律意识。鼓励企业积极参与数据要素市场建设，围绕数据来源、数据产权、数据质量、数据使用等，推行面向数据商及第三方专业服务机构的数据流通交易声明和承诺制。

严格落实相关法律规定，在数据采集汇聚、加工处理、流通交易、共享利用等各环节，推动企业依法依规承担相应责任。企业应严格遵守反垄断法等相关法律规定，不得利用数据、算法等优势和技术手段排除、限制竞争，实施不正当竞争。

规范企业参与政府信息化建设中的政务数据安全管理，确保有规可循、有序发展、安全可控。建立健全数据要素登记及披露机制，增强企业社会责任，打破"数据垄断"，促进公平竞争。

（十六）充分发挥社会力量多方参与的协同治理作用

鼓励行业协会等社会力量积极参与数据要素市场建设，支持开展数据流通相关安全技术研发和服务，促进不同场景下数据要素安全可信流通。建立数据要素市场信用体系，逐步完善数据交易失信行为认定、守信激励、失信惩戒、信用修复、异议处理等机制。

畅通举报投诉和争议仲裁渠道，维护数据要素市场良好秩序。加快推进数据管理能力成熟度国家标准及数据要素管理规范贯彻执行工作，推动各部门各行业完善元数据管理、数据脱敏、数据质量、价值评估等标准体系。

六、保障措施

加大统筹推进力度，强化任务落实，创新政策支持，鼓励有条件的地方和行业在制度建设、技术路径、发展模式等方面先行先试，鼓励企业创新内部数据合规管理体系，不断探索完善数据基础制度。

（十七）切实加强组织领导

加强党对构建数据基础制度工作的全面领导，在党中央集中统一领导下，充分发挥数字经济发展部际联席会议作用，加强整体工作统筹，促进跨地区跨部门跨层级协同联动，强化督促指导。各地区各部门要高度重视数据基础制度建设，统一思想认识，加大改革力度，结合各自实际，制定工作举措，细化任务分工，抓好推进落实。

（十八）加大政策支持力度

加快发展数据要素市场，做大做强数据要素型企业。提升金融服务水平，引导创业投资企业加大对数据要素型企业的投入力度，鼓励征信机构提供基于企业运营数据等多种数据要素的多样化征信服务，支持实体经济企业特别是中小微企业数字化转型赋能开展信用融资。探索数据资产入表新模式。

（十九）积极鼓励试验探索

坚持顶层设计与基层探索结合，支持浙江等地区和有条件的行业、企业先行先试，发挥好自由贸易港、自由贸易试验区等高水平开放平台作用，引导企业和科研机构推动数据要素相关技术和产业应用创新。

采用"揭榜挂帅"方式，支持有条件的部门、行业加快突破数据可信流通、安全治理等关键技术，建立创新容错机制，探索完善数据要素产权、定价、流通、交易、使用、分配、治理、安全的政策标准和体制机制，更好发挥数据要素的积极作用。

（二十）稳步推进制度建设

围绕构建数据基础制度，逐步完善数据产权界定、数据流通和交易、数据要素收益分配、公共数据授权使用、数据交易场所建设、数据治理等主要领域关键环节的政策及标准。加强数据产权保护、数据要素市场制度建设、数据要素价格形成机制、数据要素收益分配、数据跨境传输、争议解决等理论研究和立法研究，推动完善相关法律制度。

及时总结提炼可复制可推广的经验和做法，以点带面推动数据基础制度构建实现新突破。数字经济发展部际联席会议定期对数据基础制度建设情况进行评估，适时进行动态调整，推动数据基础制度不断丰富完善。

第五章

数据绩效管理

▶▶▶▶

　　数据治理项目中，绩效管理不可或缺。然而很多企业在进行数据绩效管理时，问题层出不穷。有的企业考核指标过于量化且不切实际，有的企业绩效管理缺乏反馈机制以及针对性，使考核失去了应有的价值。要实现有效公平的数据绩效管理，制定考核方案、确定考核对象与范围、确立考核标准以及时间周期、保证管理过程的公平性，皆是开展数据绩效管理工作须审慎考虑的要点。

　　数据治理既要严抓过程，更要注重结果。为了提高数据治理的执行效率，企业需要建立相应的数据治理考核办法，并关联组织及个人绩效，检验数据治理各个环节的执行效果，以保证数据治理制度的有效推进和落实。数据治理的绩效考核应采用日常考核与定期考核相结合、人工考核与系统自动考核相结合的模式进行，明确考核奖惩措施，强化数据治理考核机制。

第一节　日常考核

日常考核是考核数据治理的相关干系人在日常工作流程中，录入和审核数据是否及时、完整、准确、规范，其目的是在源头堵住不良数据的入口以防范数据安全风险。

一、日常考核方式

日常考核作为数据治理绩效管理体系中的重要组成部分，被细致地划分为及时性考核、准确性考核与规范性考核三大维度。及时性考核侧重于评估数据处理与提供的速度，准确性考核则着重于验证数据的真实性与无误性，规范性考核关注数据治理流程与标准的执行情况。三大考核维度相辅相成，共同构成了日常考核的完整框架，为数据治理工作的持续优化与提升奠定了坚实基础。

及时性考核负责考核相关人员是否及时处理了业务。例如考核业务员是否第一时间将销售订单录入 CRM 系统中，销售主管是否在规定的时间内完成订单数据的审核，ERP 系统中本月的有效单据是否被审核月结完毕，如请购单、采购单、委托单、出入库单等。

准确性考核负责对业务单据的关键属性的值的完整性、准确性进行考核，例如考核客商档案录入是否完整，税率、进货数量、单据价格是否准确等。

规范性考核负责考核责任人是否有越权操作，例如考核责任人是否使用他人账号 / 密码登录系统并录入或审核数据；是否未经上级领导批准，将账号借给他人使用或者让他人代录入或审核数据。

二、日常考核原则

数据治理绩效日常考核在融入企业管理组织绩效考核体系的情况下，应遵循公平公正原则、严格原则、公开透明原则、客观评价原则。

1. 公平公正原则

数据治理绩效考核是帮助企业员工提升数据管理、数据应用能力的一种重要手段。而公平公正原则是设计、确定、推行绩效考核机制的前提。绩效考核体系不具备公平公正的原则，就无法发挥绩效考核应有的作用。日常绩效考核的内容、考核指标、考核程序均应向数据治理利益干系人公开，同时，日常考核应客观、准确地体现出数据治理的效果以及被考核人员的能力和态度。

2. 严格原则

企业一旦开始执行数据治理绩效考核，就必须遵循严格的原则。日常考核不严格，就会流于形式，形同虚设，不仅不能全面地反映数据治理的真实情况，而且还会产生消极的后果。日常考核的严格性体现在以下方面：要有明确的考核标准，要有严肃认真的考核态度，要有严格的奖惩制度与科学的考核方法等。

3. 公开透明原则

数据治理应具有公开透明性，数据治理的各项策略和流程不应成为企业内个别部门、人员的私有或保密的内容，而应对企业所有人员公开，让大家对数据治理工作都有一定的认识和理解。数据治理的考核内容、考核指标、考核办法、考核结果也应是公开的，这是保证绩效民主的重要手段。日常考核结果的公开，一方面可以使被考核人员认识到数据治理的重要性，并了解自己在数据治理工作中的不足，帮助绩效差的部门和人员提升能力和思想认知，鼓励绩效好的部门和人员再接再厉，保持领先；另一方面，还有助于防止日常考核中出现偏见或种种误差，以保证考核公平与合理。

4. 客观评价原则

数据绩效日常考核是对数据管理和使用效果进行系统性评估的过

程，旨在确保数据能够有效支持业务目标并提升组织整体绩效。因此，日常考核应当根据明确规定的考评标准，针对客观的考核资料进行评价，避免掺入主观性。

第二节　定期考核

数据管理部门应定期开展数据质量的稽查，通过制定数据质量稽查规则，明确数据稽查内容、稽查周期、稽查方法，来检查数据是否完整、及时、准确。

一、定期考核分类

定期考核可以分为抽样数据稽查和全面数据稽查。抽样数据稽查指数据治理小组定期按照一定的时间范围对相关数据集的数据质量情况进行检查，目的是及时发现增量数据中的数据质量问题。

全面数据稽查指数据治理小组必须按照一定的周期对相关数据集的存量进行全面的数据质量问题稽查，需要定期发布报告，以显示每个指标的成功之处和待改进之处。一般来说，全面数据稽查的频率要低于抽样数据稽查，数据集的记录数越小，越适合采用全面数据稽查的方法。例如，小于 10 万条记录的数据集必须每月进行一次全面数据稽查。

二、定期考核标准

数据定期考核的标准主要应该依赖于负责的工作对象。数据治理项目中，不同的岗位负责不同的工作。这里需要强调的是，业务参与方也应该被纳入考核中。数据治理项目是公司级项目，不应当停留在 IT 中。数据项目的价值核心要契合业务发展。特别是对于非原生数字化企业来讲，数字化的发展为的是服务于业务发展方向，所以不制定好业务方案，系统设计也就难以起效果。数字化解决方案不应脱离实际。

1. 业务参与方的定期考核标准

一是业务需求的前瞻性。业务需求应具有前瞻性，不能一味停留在历史操作和流程下。数字化的本质是变革，数据治理是一种手段，所以对于数据管理的需求，应该在立足于当下的同时考虑未来。

二是业务需求的合理性。业务需求的合理性体现在需求的思考深度上。要考核该业务需求是否找到需求的本质，是否存在重复提及。重复提及不仅会导致成本浪费、开发资源浪费，还会增加项目成本。

三是业务标准的执行效率。该考核点的重点在于说明在数据项目推动中的一些计划要求、数据清理工作以及推动情况，也包括数据项目运营阶段的数据标准执行情况、数据录入质量等。它涵盖了业务标准执行人、数据录入人、数据审核人等。

2. 咨询顾问的定期考核标准

一是解决方案的前瞻性。数据咨询顾问，也被称为业务顾问，是数据业务方案到系统落地方案的翻译者。数据咨询顾问需要制定专业化的解决方案，一方面要满足业务参与方的诉求，另一方面要能穿透技术方案，让开发顾问的逻辑模型得以开发，制定最佳的实践方案。

二是数据方案的落地性。业务顾问制定解决方案，需要考虑周全，尽量减少逻辑漏洞，达成业务闭合，让方案能更好落地。

3. 开发顾问的定期考核标准

一是研发项目交付效率。研发的主要工作在于能让解决方案落地，要考核按时交付率、测试用例通过率、缺陷密度等。

二是技术能力。包括编程语言的掌握程度、对技术框架的熟悉度，以及在遇到技术问题时，能够迅速分析问题并提出有效的解决方案的能力。

定期考核无须做得过于复杂，因为在数据项目中定期考核的目的是激励，让项目变得更高效。所以在抓住核心指标的同时，考核也需要一些更开放和灵活的创新思维。

第三节 人工考核

人工考核主要指根据审核人员的经验以及填报单位的各种定量和定性信息，采用人机结合的方式对已录入数据进行检查和审核，进而判断数据是否符合要求。

一、考核数据类型

在数据治理绩效考核中，只有通过了人工数据审核，才能进行数据汇总并给出考核结果。人工考核面向的数据主要分为两类：第一类是无法形成量化指标或者量化范围难以鉴定的数据，例如数据质量问题对企业业务的影响程度。第二类是计算机稽查发现的"异常数据"和"重复数据"。例如，计算机稽查到 CRM 系统中有 20 条重名的客户信息，这时需要人工来判断这 20 条客户信息是否真的重复了、为什么会重复。经人工审核确定的"异常数据"和"重复数据"应向填报单位核实；核实后，填报单位应对数据进行改正。

二、考核参与人员

从数据治理项目实施职责来看，数据管理项目中核心的岗位主要分为业务参与方、数据咨询顾问、数据开发顾问、PMO 岗。

1. 业务参与方

业务参与方，也被称为关键用户。业务参与方是需求输出口和需求统筹方。在大型集团企业中，业务参与方会选派几名关键用户，参与到数据项目中。这些用户熟悉业务规则，了解业务诉求，对企业的经营模式非常熟练。他们据此提出一些未来企业经营发展的思路。通常来讲，这部分不属于 IT 范畴，属于企业业务范畴。业务参与方的主要职责是提出业务需求，提出数据标准给 IT 方，也就是数据咨询顾问。

2. 数据咨询顾问

数据咨询顾问，也被称为业务顾问，是数据业务方案到系统落地方案的翻译者。该岗位既要懂得业务语言，同时也要懂得技术原理。业务顾问可根据业务方提出的需求进行整合，通过建模、推理的方式，形成可落地的数据解决方案。这些方案不仅能够满足业务需求，而且能够结合最新的技术原理，形成可落地的解决方案。

3. 数据开发顾问

数据开发顾问，也被称为数据工程师，开发岗通常会接收数据咨询顾问提供的解决方案。数据开发顾问擅长技术，可以利用逻辑上可行的解决方案，实际开发出系统工具，进行可视化，帮助业务实现最终的数据价值。

4.PMO 岗

PMO 岗主要负责协调资源、沟通、跟进进度等。该岗位在数据项目中的职责和在其他 IT 项目中的职责并无太大区别，考核的核心主要是抓住其协调和组织能力即可。其他的岗位如项目管理人员、协调人员等，所涉及人数较少，按照正常项目管理的考核方式即可。

三、考核执行结果

人工考核主要依靠考核参与人员的经验和标准化管理，因此，对于考核过程和结果的执行格外重要，可以有效保证考核的公平公正，是数据治理人工考核中非常重要的一环。企业可以通过以下方法对考核过程及结果进行执行。

1. 建立客观的评估机制

人工考核不能局限于一种考核方式，否则可能会导致考核的局限性和不公平性，因此考核要多方面、多角度、多人员评估，要结合定量评估和定性评估。定量评估可以通过具体的指标和数据来衡量；定性评估可以通过问卷调查、面谈等方式进行。

评估不仅要考虑数据的数量和质量，还要运用项目管理工具建立完善的数据统计系统，记录项目进度、问题解决情况、需求变更等数据，让数据说话，为考核提供客观的依据。企业要利用数据分析工具对考核数据进行深入分析，发现问题和趋势，为改进考核方法和提高项目管理水平提供参考。

2. 确保考核过程的公正性

考核标准应公开透明。在项目启动时，企业应明确公布考核指标和评估方法。在考核过程中，考核人员应及时向被考核者反馈考核结果和评估意见，让他们有机会提出申诉和改进建议。

企业应对参与考核的人员进行培训，使其了解考核的目的、标准和方法，提高考核的专业性和公正性；强调考核人员的职业道德和责任意识，确保考核过程其不受个人情感和利益的影响。

企业应建立申诉机制。被考核者如果对考核结果有异议，可以提出申诉。申诉应由独立的机构或人员进行受理和处理，确保申诉过程的公正性和客观性。

数据治理项目考核方法并不是一成不变的。在项目实施过程中，企业应定期对人工考核过程进行评估，分析考核结果的合理性和有效性，及时发现问题并进行调整和改进；应收集被考核者的反馈意见，了解他们对人工考核过程及结果的看法和建议，不断完善考核体系；应关注行业内的数据治理项目考核方法，学习和借鉴先进的经验和做法，不断提高人工考核的水平和质量；应与其他企业或机构进行交流和合作，分享考核经验，共同推动数据治理项目的发展。

第四节　系统自动考核

针对计算机系统能够量化并明确界定的数据质量规则，我们应当充分利用现代信息技术的优势，尽量采用系统自动考核的方式来进行数据质量问题的稽查。这种自动化考核方式不仅能够显著提高稽查的效率和准确性，还能有效避免人为因素带来的主观性和不确定性。通过预设的数据质量阈值和算法，系统能够实时、全面地监测数据的完整性、一致性、准确性以及时效性等多个维度，一旦发现数据质量问题，便能立即触发预警机制，及时通知相关人员进行处理。

一、可量化的数据质量规则

在构建高效的数据质量管理体系时，系统自动考核的实现依赖于一套功能完备的数据质量管理工具。这套工具应当提供全面的配置功能，涵盖数据质量检查规则、数据质量任务以及考核规则的设定。具体而言，它应允许用户根据业务需求，灵活定义和配置各类可量化的数据质量规则，包括记录差异性、字段一致性、字段准确性以及业务逻辑性规则。

1. 记录差异性

针对记录差异性规则，系统需能够自动检查跨系统间实体记录的不一致性，比如识别出 A 系统中存在的客户资料在 B 系统中缺失的情况，从而帮助用户及时发现并解决数据不一致问题，确保数据的完整性和统一性。

2. 字段一致性

在字段一致性方面，系统应支持对跨系统间相同实体记录的字段进行比对，如验证 A 系统中客户"张三"的出生年月是否与 B 系统中的记录相匹配，以确保数据在各系统间的准确性和一致性，避免因数据差异导致的决策失误。

3. 字段准确性

字段准确性规则要求系统能够检查单个系统中特定字段的取值是否符合预设标准，例如，账目表中客商费用的数值不应超过 100 万元的限制。这一功能有助于防止数据输入错误，保证数据的合理性和准确性。

4. 业务逻辑性

业务逻辑性规则是确保数据符合业务逻辑的关键。系统应能验证销售单据中的客户编码和产品编码是否分别有效存在于客户档案表和产品档案表中，以确保数据的业务相关性和有效性，避免业务流程因数据问题而中断。

二、数据质量检查方法

系统自动考核需要对单个数据点的数据准确性进行检查，以便及时发现数据质量问题。常用的数据质量问题检查方法有记录数检查法、关键指标总量分析法、历史数据对比法、值域判断法、经验审核法及匹配判断法。

1. 记录数检查法

通过比较记录条数，对数据情况进行概括性验证，主要是为了检查数据表的记录数是否在确定的数值或确定的范围内。针对数据表中按日期进行增量加载的数据，当每个加载周期的记录数为常数值时，需要进行记录条数检验，例如每月新增的物料编码条数。

2. 关键指标总量分析法

针对关键指标，要对比数据总量是否一致。该分析法主要针对具有相同业务含义的指标，检查不同部门、不同系统之间的统计结果是否一致。本表中的字段与其他表中的字段具有相同的业务含义，从不同的维度统计，存在汇总关系，且两张表的数据不是经同一数据源加工得到，满足此条件时，需要进行总量检验。例如企业的员工总人数、总收入、总利润、总费用、总投资等指标。

3. 历史数据对比法

该对比法指通过历史数据对比观察数据变化规律，从而验证数据质量，从变化趋势、增减速度、周期、拐点等方面判断数据的可靠性。两种常用的历史数据对比方式是同比法和环比法。同比法指的是与历史同期比较，反映数据的长期趋势；环比法指的是对相邻的两期数据进行比较，突出反映数据的短期趋势。通过对比反映数据短期或长期趋势时，需要使用历史数据对比法，例如本月的数据质量问题环比减少20%，企业营业收入同比增长 50%。

4.值域判断法

该判断法指确定一定时期内指标数据的合理变动区间，对区间外的数据进行重点审核。数据的合理变动区间是直接根据业务经验来确定的。可以确定事实表中字段的取值范围，且可以判断不在此范围内的数据必定是错误的，满足此条件时，必须进行值域判断法。例如基于年龄维度统计在职员工的数量，低于 18 岁或高于 65 岁的数据属于异常数据，应重点审核。

5.经验审核法

对于报表中指标间的逻辑关系仅靠计算机程序审核无法确认和量化，或有些审核虽设定数量界限，但界限较宽、不好判定的情况，需要增加人工经验审核。数据无法量化或量化界限无法评定的情况下，可使用人工经验审核法。例如某数据安全事故对企业声誉的影响程度。

6.匹配判断法

该判断法指通过与相关部门提供或发布的有关数据进行对比验证，判断数据的有效性。对于与相关部门提供或发布的有关数据口径一致的数据，可以使用匹配判断法。例如基于外部的数据服务，验证用户填写的姓名和身份证号是否真实。

第五节　奈飞的数据绩效管理

奈飞（Netflix）是一家全球领先的在线视频流媒体服务提供商，成立于 1997 年，最初以 DVD 租赁业务起家。在 2007 年，奈飞转型为在线流媒体服务，并在随后的几年中迅速扩展至全球市场。随着竞争的加剧，奈飞开始利用数据来指导决策，以确保其内容和服务满足用户需求并增强用户体验。

一、数据绩效管理的实施

奈飞的有效数据考核实践，不仅提升了数据管理水平，还为其业务决策提供了坚实的基础。通过关注数据完整性、及时性和可用性，结合先进的分析工具和方法，奈飞能够在瞬息万变的市场环境中保持敏捷和竞争力。

1. 数据考核的目标

数据考核的主要目的是评估和优化企业在数据管理和应用上的表现。奈飞通过考核数据使用的有效性，确保其决策能够提升用户体验、内容质量和业务效率。

2. 数据收集与分析

奈飞通过多种渠道收集用户行为数据，包括观看历史，如用户观看过的影片和剧集，以及观看时间；评分和评论，如用户对影片和剧集的评分及反馈；搜索记录，如通过用户在平台上的搜索行为，了解用户感兴趣的内容；设备数据，如用户观看内容所用的智能电视、手机、平板等。

奈飞还会通过市场调查识别潜在趋势，评估新兴市场和观众行为的变化，以便提前布局和调整内容策略。例如，随着青少年对短视频内容的偏好增加，奈飞可能会考虑推出更多符合这一趋势的短剧和系列。奈飞定期分析流媒体市场的整体动态，关注主要竞争对手的市场份额和增长情况，如 Disney+、HBO Max、Amazon Prime Video 等。这种监测使奈飞能够及时调整其市场策略，以保持竞争优势。

3. 绩效指标

奈飞在进行数据考核时，通常会关注以下几个关键指标。

一是数据完整性。该指标主要用来评估数据是否准确、完整和一致。奈飞会定期检查其用户行为数据和内容数据，以确保没有遗漏和错误。例如，检查用户观看记录是否反映了真实的观看习惯，确保内容库中的信息是最新的。

二是数据及时性。该指标主要用来衡量数据更新的速度，确保数据能够实时反映用户行为和市场变化。奈飞利用流处理技术，确保用户行为数据能够在几秒钟内更新，并即时影响推荐系统。

三是数据可用性。该指标主要用来考核数据对决策的支持程度，包括数据是否易于访问和使用。奈飞利用可视化工具，确保不同部门能够方便地获取和分析数据，以便快速做出反应。

四是用户互动数据。该指标主要用来分析用户与内容的互动情况，包括观看时长、重复观看率、评论数和评分等。这些数据能够帮助奈飞了解哪些内容更受欢迎，并据此优化推荐算法。

五是业务影响评估。该指标主要用来将数据分析与业务成果挂钩，评估数据驱动决策对用户增长、留存率和收入的影响。例如，分析某一原创内容的上线后，用户增长和观看时长的变化。

4. 数据考核的方法与工具

奈飞在数据考核中运用了多种方法和工具，以确保数据分析的准确性和实用性，包括数据质量检测、数据可视化与报告、A/B 测试实验三种。

数据质量检查可以通过自动化数据验证与人工审核实施。自动化数据验证使用自动化工具定期进行数据验证，以检测数据的准确性和一致性。异常数据都会被标记并进行修正。在关键决策时，奈飞会进行人工审核，特别是涉及用户隐私和安全的数据，以确保数据的完整性和合规性。

数据可视化与报告可通过数据仪表板与定期报告呈现。奈飞使用自定义的仪表板，实时展示关键绩效指标。通过数据可视化，团队可以快速识别问题和趋势。各部门定期生成数据分析报告，分析数据变化对业务的影响。报告通常会涉及用户行为、内容表现和市场趋势，帮助各团队做出数据驱动的决策。

奈飞广泛使用 A/B 测试来评估不同决策和产品特性的效果。通过对比实验组和对照组的表现，奈飞能够精准地衡量用户对新功能或内容的反应。奈飞在进行实验时，注重样本选择和随机性，以确保结果的有效性和可重复性。这些实验结果会被纳入数据考核中，帮助改进产品和服务。

二、数据考核结果的应用

奈飞的数据考核结果在绩效管理中起到了关键作用。通过对用户行为和市场趋势的深入分析，奈飞能够在内容选择、用户体验和市场策略上做出更加明智的决策。其不仅改变了用户观看方式，也为整个流媒体行业树立了数据驱动决策的典范。

1. 个性化推荐

奈飞的核心竞争力之一在于其强大的推荐系统。它利用以下算法来提供个性化推荐，分析用户之间的相似性，推荐相似用户喜欢的内容；分析影片的内容特征，如类型、演员、导演等，推荐相似类型的影片；运用深度学习技术，进一步优化推荐效果，通过更复杂的模式识别和用户画像分析，提升推荐的精准度。

2. 内容制作决策

奈飞通过数据分析来指导内容制作决策。具体措施如基于用户观看历史和市场趋势，确定哪些类型的节目和电影会受到欢迎，从而优化投资组合；分析过去的观看数据，评估知名演员和导演对影片表现的影响，以便在制作新内容时选择合适的合作方。奈飞的原创内容如《纸牌屋》《怪奇物语》《王冠》等，都是基于用户数据分析的结果。这些节目不仅吸引了大量观众，也帮助奈飞提高了品牌影响力。

三、数据考核的挑战与成果

在进行数据考核时，奈飞必须遵循数据隐私法规，如通用数据保护条例。奈飞会建立严格的数据使用政策，确保用户数据的安全和合规。面对大量的数据，奈飞需要避免数据过载的问题。为此，它们会优先关注与关键业务目标直接相关的数据，避免在不重要的指标上浪费资源。要使数据考核在企业中产生真正的影响，需要建立数据驱动的企业文化。奈飞通过培训和知识分享，让员工理解数据考核的重要性，鼓励他们在决策中积极使用数据。

通过有效的数据考核，奈飞能够实现决策透明性、快速迭代与用户体验提升。数据考核使得决策过程透明化，团队可以依据数据得出结论，从而增强决策的可靠性和有效性。通过持续的数据分析和考核，奈飞能够迅速响应市场变化，优化内容和服务。这种快速迭代的能力使其在竞争中始终保持领先。数据考核的结果直接用于改善用户体验，包括内容推荐的精准性和用户界面的友好性，最终提升用户满意度和留存率。

✎ 小贴士

数据治理考核评价指标及示例

本质上，数据治理绩效考核是一种对企业数据治理的过程管理，而不只是对结果的考核。它通过对数据治理过程的管控，将数据治理目标按时间、按主题、按部门等多个维度进行分解，形成可量化考核的指标，不断督促相关干系人实现目标。

数据治理的绩效考核可以从数据治理人员、数据质量问题、数据标准贯彻、治理策略执行、技术达成、业务价值实现等 6 个维度考量，见表 5-1。

表 5-1 数据治理的 6 类考核指标

指标分类	考核指标举例	备注
数据治理人员维度	· 数据治理运营报告的平均查阅人数、最高查阅人数 · 数据治理例行会议的召开频次 · 高层领导参与数据治理例行会议次数的占比 · 确定的数据域数量和数据治理关键干系人数量 · 数据治理流程在业务部门的执行率 · 参加数据治理培训的人数 / 次数 · 数据治理参与人员对数据治理理论、技术工具的掌握程度	

指标分类	考核指标举例	备注
数据质量问题维度	·数据完整性，例如属性完整性的占比 ·数据及时性，例如数据从发送到接收的时间 ·数据正确性，例如某数据集中总数据的占比 ·数据一致性，例如某数据指标在数仓和源系统中的数值是否一致，某相同名称的数据实体在不同系统中的业务含义、数据结构、质量规则是否一致 ·一定周期内发生数据质量问题的个数 ·数据质量问题的影响范围，例如集团范围、组织内部、部门内部，或仅对操作者本人有影响 ·数据质量问题的严重程度，以存在的潜在风险或造成的经济损失为依据进行人工考核 ·数据质量问题处理的及时性	
数据标准贯彻维度	·按主题域划分的接收数据标准部门的占比 ·按主题域划分的共享数据标准的应用系统数量的占比 ·按主题域划分的使用数据标准的业务流程数量的占比 ·按主题域划分的使用数据标准的输出报告数量 ·按主题域划分的使用数据标准人数 ·按主题域划分的集成业务流程数量	
治理策略执行维度	·数据治理流程在业务部门的执行率 ·数据的安全合规使用天数 ·确定的数据问题数量 ·从识别问题到解决问题的时间 ·批准和实施的数据治理政策和流程的数量 ·发布的数据标准数量 ·数据标准被企业采用的数量 ·提高项目效率和新项目启动的设置 ·对新产品上市时间的影响	
技术达成维度	·数据问题修复的时间／成本 ·合并的数据源数量 ·使用主数据的业务系统数量 ·每日主数据分发的数量、失败数量 ·从源到使用的可追溯的数据属性数量 ·唯一标识符的数量，重复的产品数量 ·源数据库和目的数据库验证的数据之间的差异数	

指标分类	考核指标举例	备注
技术达成维度	· 映射到数据模型和对象的业务术语数量 · 血缘分析完成百分比	
业务价值实现维度	· 提升效率，可将某业务部门的一两个人重新分配到其他高价值活动中 · 改善客户满意度，缩短呼叫处理时间 · 销售额提高 5%~10%，可使销售团队增加广告投入，提高销售团队的奖金 · 将财务的对账时间从每月 3 天缩减到每月 3 小时 · 在一年之内，企业因违反监管要求而受到的罚款金额减少	

数据治理指标体系的建设应涵盖数据治理的组织人员、制度流程保障、技术措施等方面，突出数据录入、审核、维护、备份、安全等重点环节，进行指标量化。表 5-2 给出了一个数据治理考核评价指标的示例。

表5-2　数据治理考核评价指标示例

一级指标	二级指标	考核对象	考核标准	频度	权重	备注
组织人员	运营报告的提交频次	数据治理办公室	每周提交数据治理运营报告，少提交一次扣1分，每月超过3次未提交，当月的本项绩效为0	月度	5	扣分项
	接受数据治理培训的人次	数据治理办公室	每月对数据治理相关方进行数据治理理论和技术的培训，参与者不低于10人次，每少1人次扣1分	月度	10	扣分项
	发现的数据质量问题的总个数	数据域对应的数据生产者/所有者	每月通过数据质量稽查，发现的数据治理问题个数，每发现一个问题扣1分，扣完为止	月度	25	扣分项
	数据录入环节发现的数据质量问题个数	数据域对应的数据生产者/所有者	每发现一个问题发生在录入环节的，每发现一个问题扣1分，扣完为止	月度	10	扣分项
数据质量问题	数据质量问题的影响范围	数据域对应的数据生产者/所有者	影响范围越大，本指标绩效越低：无影响，扣0.5分；影响到操作者本人，扣1分；影响到操作者所在部门，扣2分；影响到操作者所在公司，扣5分	月度	10	扣分项
	数据质量问题的严重程度	数据域对应的数据生产者/所有者	以存在风险或造成的经济损失为依据进行人工考核	月度	—	扣分项
数据质量问题处理	数据治理问题处理的及时性	数据域对应的数据生产者/所有者	在规定的时间内处理一个数据质量问题加1分，否则不加分	月度	20	加分项
数据管理	数据质量稽查	数据管理员	未在规定的周期内完成数据质量稽查，扣3分	月度	10	扣分项
	问题预警、分发	数据域对应的数据生产者/所有者	稽查报告未在规定时间内送达数据所有者，扣3分	月度	10	扣分项

第六章

数据标准体系

▶▶▶

　　在企业中，数据的来源和流转方式越来越复杂，数据的质量和安全问题也越来越突出。如果没有规范的数据治理流程，企业很难保证数据的质量和安全。企业数据治理流程设计的重要性主要表现在以下几个方面：确保数据质量和安全——数据治理流程设计可以规范数据管理行为、确立数据权限和责任，从而有效地保障数据的质量和安全；提高数据处理效率——有了规范的数据处理流程，可以避免数据处理中的重复工作、遗漏等问题，提高数据处理效率；降低数据管理成本——规范的数据治理流程可以降低企业数据管理成本，减少数据管理过程中人力和物力资源的浪费。

第一节 元数据标准

元数据（metadata）是关于数据的数据，它描述了数据的结构、内容、上下文和管理规则。简单来说，元数据是用来定义其他数据的数据。它提供了关于数据的信息，使数据更容易被发现、理解和管理。

一、元数据的重要性

数据治理中元数据的重要性深远且多面，它不仅是数据管理的基石，也是推动数据价值最大化的关键驱动力。它能提高数据的可发现性、支持数据分析、确保数据质量，并在数据交换和互操作性中发挥关键作用。

1. 提高数据可发现性

元数据作为数据的"导航地图"，极大地提升了数据的可发现性和可访问性。在知识爆炸的时代，无论是图书馆的数字资源还是企业内部的海量数据，如果没有有效的元数据管理，用户将如同在信息的海洋中盲目航行。元数据通过为数据提供清晰的标识、分类和描述，使得用户能够迅速定位到所需信息，从而提高工作效率和决策速度。例如，图书馆使用元数据来组织和分类书籍。当你在图书馆的电子目录中搜索"数据科学"时，系统会根据书籍的元数据（如标题、主题分类）来匹配相关的书籍，帮助你快速找到所需的资料。

2. 促进数据管理效率

在企业数据管理中，元数据是实现数据有序化、透明化的重要工具。它记录了数据的来源、历史、关系等关键信息，帮助组织构建统一的数据目录和数据字典，使得数据管理者能够清晰地了解数据的全貌，有效监控数据流动，及时发现并解决数据冗余、不一致等问题。此外，元数据还支持数据生命周期管理，从数据的创建、存储、使用到销毁，每个阶段都能得到适当的记录和管理。在企业环境中，元数据可以帮助其管理大量的数据文件。例如，一家公司的财务部门可能有数百个 Excel 文件。通过维护这些文件的元数据（如创建日期、最后修改人、文件内容摘要等），员工可以更容易找到他们需要的特定文件，而不必打开每一个文件查看。

3.支持数据分析

在数据分析领域，元数据是连接原始数据与分析结果的桥梁。它提供了数据背后的上下文信息，使分析师能够理解数据的含义、来源和限制，从而做出更准确的解读和预测。元数据还支持数据可视化，帮助用户以直观的方式探索数据，发现数据中的模式和趋势，为决策提供有力支持。在大数据分析中，元数据可以提供重要的上下文信息。例如，气象站收集的温度数据本身可能只是一串数字，但配合元数据（如测量位置、时间、使用的设备等），这些数据就变得有意义和可分析了。

4.确保数据质量

数据质量是数据分析准确性的基础，而元数据是评估和管理数据质量的关键。通过记录数据的来源、处理过程、质量指标等信息，元数据使得数据质量问题可追溯、可衡量、可改进。它帮助组织建立数据质量监控体系，及时发现并纠正数据错误，确保数据的准确性、完整性和一致性。元数据可以包含有关数据质量的信息。例如，在医疗数据库中，每条病人记录的元数据可能包括数据的来源、最后更新时间、数据的完整性评分等。这些信息可以帮助医生和研究人员评估数据的可靠性。

5.支持数据交换和互操作性

在数字化时代，数据交换和系统集成已成为常态。元数据作为数据交换的"共同语言"，确保了不同系统之间的数据能够准确、高效地传递和解析。通过标准化元数据，组织可以打破信息孤岛，实现数据的无缝流动和共享，促进业务协同和创新。在不同系统之间交换数据时，元数据起着关键作用。例如，当你从一个音乐流媒体平台转到另一个平台时，你的播放列表可以被转移，这是因为音乐文件的元数据（如歌曲名称、艺术家、专辑等）是标准化的，可以被不同的系统理解和使用。

6. 保护知识产权

在数字内容领域，元数据不仅是数据管理的工具，也是保护知识产权的重要手段。通过嵌入版权信息、创作者信息、使用许可等元数据，数字内容的创作者和拥有者可以明确声明其权益，防止盗版和未经授权的使用，为数字经济的健康发展提供法律保障。在数字内容领域，元数据可以包含版权信息。例如，当你上传一张照片到社交媒体平台时，照片的元数据可能包含你的版权信息，有助于保护你的知识产权。

二、元数据的类型和分类

元数据是描述数据的数据，主要分为基本类型和功能结构两大类。根据基本类型，元数据可分为业务元数据、技术元数据和操作元数据，其中业务元数据关注数据的业务含义和用途，技术元数据描述数据的物理特性和处理方式，而操作元数据记录数据处理过程和运营情况。在功能结构方面，元数据又可细分为描述性元数据、结构性元数据、管理性元数据和技术性元数据，分别用于资源识别、数据组织结构、资源管理及系统功能描述。此外，元数据还可按结构分为结构化、非结构化和半结构化元数据，并包括维度元数据和过程元数据，以提升数据管理和治理的效率。

1. 基本类型划分

元数据按照基本类型可以分为业务元数据、技术元数据、操作元数据三种类型。第一，业务元数据描述了数据的业务含义和用途，包括数据的定义、业务规则、业务流程、报表和指标等信息，通常由业务用户和数据管理团队管理；第二，技术元数据描述了数据的物理特性和处理方式，包括数据的存储格式、结构、位置、访问权限、备份策略等信息，通常由系统管理员和数据库管理员管理；第三，操作元数据描述了数据处理过程及运营情况的数据，包括系统执行日志、访问记录等。

2. 功能结构划分

元数据按照功能可以分为描述性元数据、结构性元数据、管理性元数据及技术性元数据四种类型。描述性元数据用于识别和发现资源，如标题、作者、关键词等，可以帮助用户找到并理解数据资源的基本信息；结构性元数据用于描述数据的组织结构，如章节、页码、数据库表关系等，可以帮助理解数据的内部结构，对于复杂数据集尤其重要；管理性元数据用于管理和存档资源，如创建日期、文件类型、访问权限等，对于数据管理、版本控制和访问控制至关重要；技术性元数据用于描述系统功能或行为，如文件格式、分辨率、使用的软件等，提供使用或处理数据所需的技术信息。

3. 其他划分

为了更全面地理解和应用元数据，提高数据管理和数据治理的效率，还有以下几种元数据分类方式。

第一，结构化元数据是指以表格形式存储的数据。这些数据有着固定的结构，通常由关系型数据库管理系统（RDBMS）进行存储和管理，包括数据项、记录、表、视图等结构化元素，可以描述数据的含义、属性、关系等。第二，非结构化元数据是指没有固定结构的数据。这些数据通常包括文本、图像、音频、视频等，描述了数据的非结构化特征，如文本内容、图像内容等。第三，半结构化元数据是指具有一定结构但又不完全固定的数据。这些数据通常以 XML、JSON 等格式存储，包括标签、属性、注释等元素，可以描述数据的含义、属性、关系等。第四，维度元数据是指描述数据维度的数据。这些维度通常用于数据分析、数据挖掘等领域，包括时间维度、地理维度、组织维度等，可以描述数据的层次结构。第五，过程元数据是指描述数据处理过程的数据。这些处理过程通常包括数据的收集、清洗、转换、分析等步骤，可以描述数据处理的过程、步骤、算法等。

三、元数据的标准与规范

元数据的标准与规范在数据管理和互操作性中扮演着至关重要的角色，具有多方面的重要性。首先，标准化的元数据确保了不同系统和平台之间的互操作性，提升了数据质量和一致性。其次，标准化的描述促进了数据的发现，使资源更易于搜索和获取。标准与规范还支持长期保存数字资源，如 PREMIS，帮助机构维持数字对象的可用性。最后，元数据标准化提升了创建和管理的效率，减少了重复工作，并促进了语义互操作性，提升了数据的理解程度。不同领域的专门标准用于满足特定需求，如标准在图书馆和医疗行业中的应用。

典型的元数据标准包括 Dublin Core、MODS、PREMIS、DICOM 和 Schema.org 等。Dublin Core 以其简单性和灵活性被广泛应用于数字资源的描述；MODS 则在图书馆资源的详细描述中表现突出；PREMIS 专注于数字对象的长期保存，确保其可用性；DICOM 是医疗影像领域的重要标准，支持影像数据的处理和传输；Schema.org 通过结构化标记提高网页内容的可发现性，改善搜索引擎对内容的理解。这些标准共同推动了元数据管理的规范化和有效性，使得不同领域能够高效地管理和利用数据。

1. 元数据标准与规范的重要性

元数据标准和规范是数据管理和互操作性的重要基础，其重要性体现在以下六个方面。第一，具有互操作性。标准化的元数据允许不同系统和平台之间轻松交换和理解数据。提高数据质量、遵循标准有助于确保元数据的一致性和完整性。第二，有利于数据发现。标准化的描述使得资源更容易被搜索和发现。第三，可以长期保存。如 PREMIS 这样的标准支持数字资源的长期保存和访问。第四，提高效率。标准化减少了重复工作，提高了元数据创建和管理的效率。第五，具有语义互操作性。如 Schema.org 这样的标准促进了网络上数据的语义理解。第六，满足领域特定需求。不同领域（如图书馆、医疗）的专门标准满足了特定行业的需求。

2. 典型的元数据标准与规范

（1）Dublin Core 描述

Dublin Core 是一个简单而灵活的元数据元素集，用于描述广泛的网络资源。它的简单性和灵活性使其成为许多数字资源描述的首选标准。其核心元素包含标题、创建者、主题、描述、发布者、贡献者、日期、类型、格式、标识符、来源、语言、关系、覆盖范围和权限。Dublin Cone 被广泛应用于数字图书馆、机构知识库、开放获取期刊等。例如，一个大学图书馆可能使用 DC 来描述其数字化的学位论文集，使这些论文更容易被搜索和发现。

（2）MODS 描述

MODS 是一种基于 XML 的书目元数据描述模式，源于 MARC21 书目格式，比 DC 更详细，但比完整的 MARC 记录更简单，适合描述各种图书馆资源。其主要元素包括标题信息、名称、类型、体裁、出版信息、语言、物理描述、摘要、主题、分类、相关项、标识符等。MODS 主要被广泛应用于图书馆、数字图书馆、机构知识库等。一个数字人文项目可能使用 MODS 来描述其收藏的历史文档，提供丰富的元数据以支持学术研究。

（3）PREMIS 描述

PREMIS 是一个专注于数字保存的元数据标准，旨在支持数字对象的长期可用性，对于需要长期保存数字对象的机构来说至关重要。其核心实体包括对象、事件、代理人和权限。PREMIS 主要被应用于数字档案馆、数字图书馆、机构知识库等长期保存数字内容的系统。国家档案馆可能使用 PREMIS 来记录其数字化档案的完整历史，包括所有的格式转换、完整性检查等操作。

（4）DICOM 描述

DICOM 是医疗影像和相关信息的国际标准，定义了医学影像数据的处理、存储、打印和传输，可以确保医疗影像的互操作性，支持患者护理和医学研究。DICOM 的主要组成包括患者信息、检查信息、图像采集参数、图像数据等，被应用于医疗影像系统，如 CT、MRI、超声等。一家医院的放射科可能使用 DICOM 来存储和传输患者的 CT 扫描，确保图像可以在不同的系统和设备间无缝共享和查看。

（5）Schema.org 描述

Schema.org 是一种用于结构化网页内容的标记词汇表，由主要搜索引擎共同开发，可以提高网页内容的可发现性和理解性，特别是对搜索引擎而言。其主要类型包括创意作品、事件、组织、人物、地点、产品等多种类型，被广泛应用于网页内容的语义标记，以改善搜索引擎结果的展示和理解。一个在线书店可能使用 Schema.org 标记来描述其图书目录，使搜索引擎能够更好地理解和展示图书信息，如作者、出版日期、评分等。

第二节　主数据标准

主数据又被称为黄金数据，其价值很高也非常重要。对企业来说，主数据的重要性如何强调都不为过。主数据治理是企业数据治理中最为重要的一环。主数据标准管理的内容包括主数据管理标准、主数据应用标准和主数据集成服务标准三大类。

一、主数据标准体系概述

主数据标准包括主数据管理标准、主数据应用标准和主数据集成服务标准三大类；主数据质量和安全控制通常对三个方面进行监督和考核，分别是主数据标准执行、宣传贯彻情况，主数据唯一性、一致性、合规性检查，主数据可追溯性版本控制。因此，主数据标准制定是全面提升主数据的质量、实现主数据规范化及信息共享的前提。主数据管理的首要任务就是要制定主数据标准和规范、统一主数据的定义、定义主数据模型。主数据标准修订是一个循环往复的过程，即通过不断地对主数据标准进行深化应用和质量监督，发现标准存在的问题且不断修订（见图6-1）。

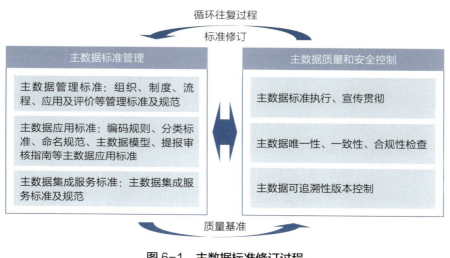

图6-1　主数据标准修订过程

二、主数据代码体系

主数据代码库的建立是基于规范的主数据标准。企业想要标准化和规范化的主数据标准代码库，需要通过不断地完善主数据标准，依据主数据标准对数据进行清洗处理，然后通过高质量的数据清洗形成主数据标准代码库。企业经营范围内的数据要被认定为主数据，需要按照主数据的特征识别为主数据。

主数据是在整个企业范围内各个系统之间共享的、高价值的数据，可以在企业内跨越各个业务部门被重复使用。

从主数据的概念上看，主数据应具有以下四个特性。第一，特征一致性。保证主数据的关键特征在不同应用、不同系统中的高度一致，是将来实现企业各层级应用的整合，以及企业数据仓库成功实施的必要条件。第二，识别唯一性。在一个系统、一个平台甚至一个企业范围内，同一主数据要具有唯一的识别标志（编码、名称、特征描述等），用以明确区分业务对象、业务范围和业务的具体细节。第三，长期有效性。主数据通常贯穿该业务对象的整个生命周期甚至更长。换而言之，只要该主数据所代表的业务对象仍然存在或仍具有比较意义，则该主数据就需要在系统中继续保持其有效性。第四，交易稳定性。主数据作为用来描述业务操作对象的关键信息，在业务过程中，其识别信息和关键的特征会被交易过程中产生的数据继承、引用、复制，但无论交易过程如何复杂和持久，除非该主数据本身的特征发生变化，否则主数据本身的属性通常不会随交易的过程而被修改。

在主数据架构设计中，通过研究影响主数据多个因素之间的关系，对具有这些因素的个体之间进行统计分析，确定主数据标准体系，可以指导未来企业各类主数据的建设。在该体系中，一共划分了六类主题（见图 6-2），包括人事类、运营管理类、财务类、决策支持类、板块专用类、通用基础类。

三、主数据标准体系

主数据标准体系分为主数据管理标准及规范、主数据应用标准及规范、主数据集成服务标准及规范三大类（见图 6-3）。

1. 主数据管理标准及规范

主数据（master data）指组织中需要跨系统、跨组织共享的核心业务实体数据，是一个组织中最重要、最核心的数据，具有全局意义，被多个业务系统所共享和使用。主数据具有高价值、高共享、相对稳定的特性，可以在企业内跨越各个业务部门被重复使用。主数据通常包括与客户、供应商、账户及组织单位相关的数据，如组织机构代码、客户名称、供应商信息等。这些数据是企业日常运营和决策的基础，对于提升业务效率和决策质量至关重要。

主数据管理（master data management，简称 MDM）是指为了确保主数据一致性和准确性而进行的一系列管理活动，包括主数据的收集、存储、分析、更新和共享等，旨在确保一个组织中使用的各个系统都有准

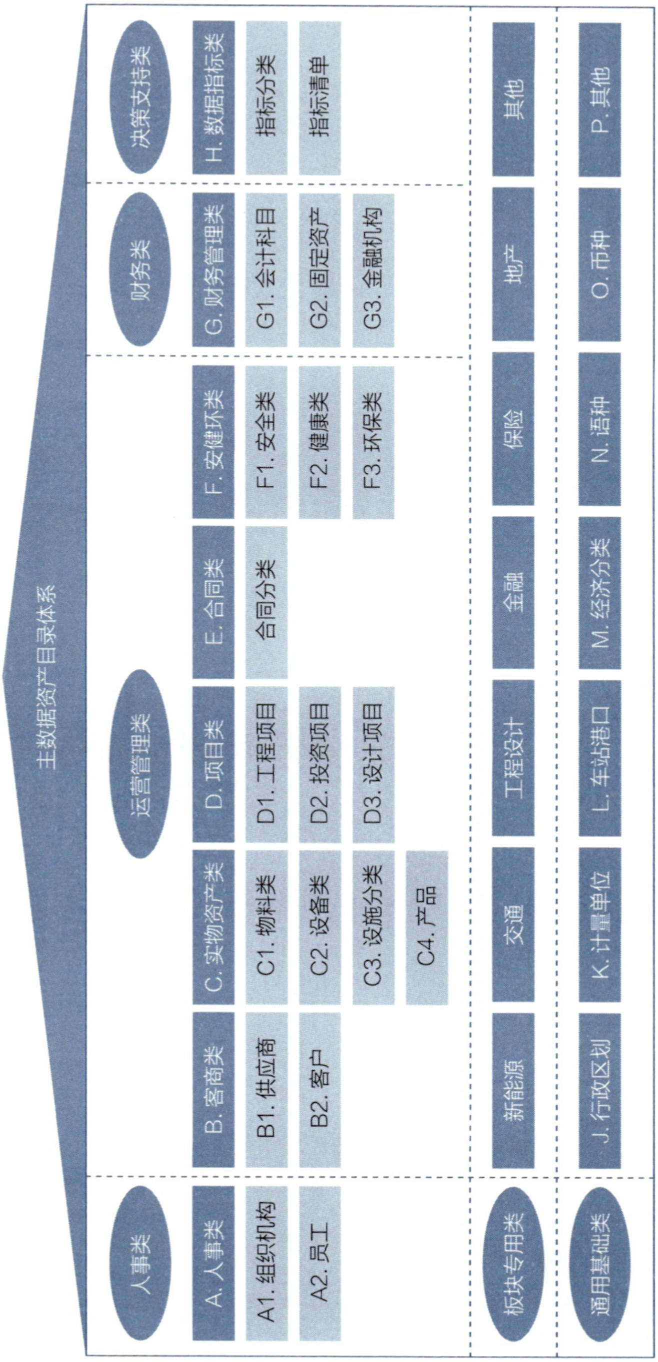

主数据资产目录体系

人事类			运营管理类					财务类		决策支持类
A. 人事类	B. 客商类	C. 实物资产类	D. 项目类	E. 合同类	F. 安健环类		G. 财务管理类		H. 数据指标类
A1. 组织机构	B1. 供应商	C1. 物料类	D1. 工程项目	合同分类	F1. 安全类		G1. 会计科目		指标分类
A2. 员工	B2. 客户	C2. 设备类	D2. 投资项目		F2. 健康类		G2. 固定资产		指标清单
		C3. 设施分类	D3. 设计项目		F3. 环保类		G3. 金融机构		
		C4. 产品							

板块专用类										
新能源		交通		工程设计	金融		地产		保险	其他

通用基础类										
J. 行政区划		K. 计量单位		L. 车站港口	M. 经济分类		N. 语种		O. 币种	P. 其他

图6-2 主数据资产目录体系

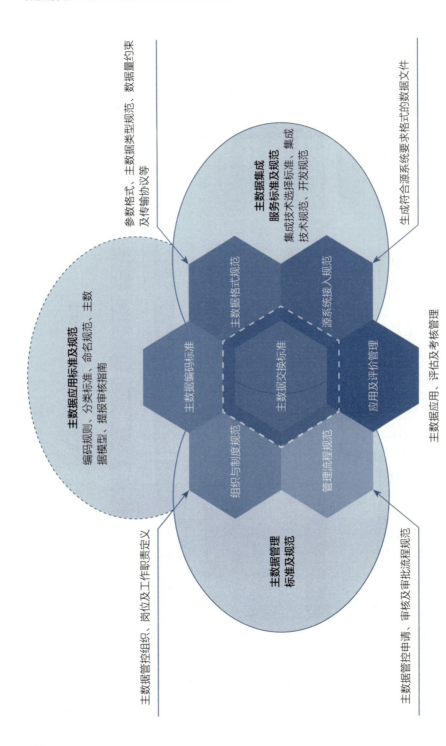

图 6-3　主数据标准体系图

确、一致的主数据。主数据管理是一项涉及数据资产、业务流程及信息化系统的全局性管理工作，其目的是确保数据一致、准确、完整。

主数据管理原则包括数据质量原则、数据标准化原则、业务驱动原则、全局管理原则四个原则。一是数据质量原则。数据质量是主数据管理的基础，企业应该制定数据质量标准、数据检查机制和数据清洁方案，确保主数据的准确性、完整性和一致性。二是数据标准化原则。组织应该建立统一的主数据模型和元数据规范，确保主数据之间具备良好的互操作性和互通性。三是业务驱动原则。主数据管理的目的在于支持业务发展，在设计主数据模型和管理流程时，需要充分考虑业务需求，注重业务驱动。四是全局管理原则。主数据是企业的核心数据，应该由专门的团队进行管理，并建立透明、合理的数据共享机制，确保主数据的全局一致性和数据安全。

主数据管理内容包括主数据标准管理、主数据维护管理、主数据安全管理三个方面内容。第一，主数据标准管理。其包括主数据标准的制定、变更的管理，应遵循科学性、适用性、共享性、稳定性、合法性的原则。主数据标准是指在企业中由数据管理专业人员起草，由数据管理组织评审、批准和通过的一套规范的标准，用于定义主数据的结构、格式、编码、命名约定、数据元素、数据域及其他相关属性等内容，以及制定相应的管理流程和标准操作规范等，从而使企业能够在不同系统和业务场景下保持数据的一致和准确性。第二，主数据维护管理。其包括新的主数据收集和分类、主数据修正和校验、主数据更新和维护、主数据质量监控和度量、主数据备份和恢复。第三，主数据安全管理。该内容根据主数据的敏感性、重要性建立一套完整的主数据安全分级、分类、分域标准以及访问授权、安全评估审查机制等必要措施，以保证主数据使用的安全性得到有效保护和合规性利用，并持续处于安全状态。对于企业组织来说，主数据安全等级标准一般采用公开级、普通商密级、核心商密级共三个安全等级。对于不同的等级，企业要建立不同的保护规则和使用审批流程。

2. 主数据应用标准及规范

主数据应用旨在通过高效的数据流通、安全共享和价值创造，提升企业的运营效率、决策准确性和业务流程优化水平。

主数据应用原则包括以用户需求为导向、以法律法规为依据、以技术创新为动力、以合作共赢为目标四个方面。以用户需求为导向是指充分了解用户的数据需求，提供个性化、精准化的数据服务；以法律法规为依据是指遵循国家法律法规和政策要求，确保数据共享的合法性和合规性；以技术创新为动力是指运用先进的技术手段，提高数据共享的效率和安全性；以合作共赢为目标是指建立多方参与的数据共享机制，实现资源共享、利益共赢。

主数据应用广泛涉及企业的客户关系管理、人力资源管理、财务管理等多个方面，通过统一的数据共享平台，实现主数据的高效管理和价值创造。

3. 主数据集成服务标准及规范

主数据集成服务是指将企业内部各个业务系统中的主数据，通过一定的技术手段和标准规范进行集成，以实现主数据的一致性、准确性和共享性。主数据集成服务是企业信息化建设的重要组成部分，对于提升企业运营效率、降低运营成本具有重要意义。

主数据集成服务标准包括数据模型标准、数据质量标准、数据交换标准、数据安全标准、数据操作标准、数据文档标准、数据管理标准等七个标准。第一，数据模型标准。该标准用于建立统一的数据模型，描述现实世界中事物之间关系的数据结构，确保不同系统之间的数据共享和交互。第二，数据质量标准。该标准用于制定数据质量规范，包括数据的校验规则、清洗规则、整合规则等，以确保数据的准确性和完整性。第三，数据交换标准。该标准用于建立统一的数据交换标准，包括数据的传输格式、传输协议、传输安全性等，确保不同系统之间的数据交换顺利进行。第四，数据安全标准。该标准用于制定数据安全规范，包括数据的加密规则、访问控制规则、备份规则等，以确保数据的机密性和完整性。第五，数据操作标准。该标准用于制定统一的数据操作标准，包括数据的查询规则、插入规则、更新规则、删除规则等，以确保不同系统之间的数据操作一致性。第六，数据文档标准。该标准用于建立统一的数据文档标准，描述数据的文档资料，以便不同系统之间的数据文档共享和交互。第七，数据管理标准。该标准用于制定数据管理规范，包括数据的规划规则、组织规则、控制规则和监督规则等，以确保数据的规划、组织、控制和监督的一致性。同时，企业还需要建立统一的数据管理制度和流程，以规范不同系统之间的数据处理和交互过程。

主数据标准体系建设要遵循"高层负责，机制现行""明确定位，合理规划""贴近业务，切合实际""循序渐进，成效说话"的基本原则，从而有效保证主数据标准体系建设符合企业业务发展的需要。

第三节　数据模型标准

在数据治理中，数据模型标准扮演着至关重要的角色。这些标准为企业提供了一个规范化的框架，确保了数据的一致性和高质量，使各部门能够高效地共享和利用数据。

一、数据模型标准的定义

数据模型标准是对企业内部数据的结构、命名、关系等进行规范化和标准化的定义。它不仅是数据治理的重要组成部分，还为企业的数据管理提供了明确的方向和指导。通过制定数据模型标准，企业能够确保不同系统之间的数据在语义上、结构上和格式上的一致性，从而实现数据的互操作性。

二、数据模型标准的内容

数据模型标准通常涵盖数据元素定义、数据结构规范、数据关系定义和数据编码标准四个方面。

1. 数据元素定义

数据元素定义是标准化过程中的第一步。每个数据元素必须明确其业务含义、数据类型、数据长度和数据格式等。通过对数据元素的标准化定义，确保不同系统对同一数据元素的理解和使用保持一致，从而减少因数据差异导致的沟通和操作错误。

2. 数据结构规范

数据结构规范包括数据表、字段、索引等数据结构要素的命名规则、设计规范和使用约束。为确保信息的准确性，数据表名称应遵循统一的命名规则，字段名称需具有明确的业务含义和描述。这一规范有助于建立一个清晰、可维护的数据库系统，使得数据管理更加高效。

3. 数据关系定义

数据关系定义旨在明确不同数据元素之间的关系，包括主外键关系、数据依赖关系等。这种明确的关系定义不仅有助于确保数据的一致性和完整性，还有助于在进行数据查询时，确保数据能够被有效地关联和使用。

4. 数据编码标准

数据编码标准是制定统一的数据编码规则，确保不同系统间数据编码的一致性和可读性。比如，对于客户数据，企业可以制定统一的客户编码规则，以便于不同系统间的数据交换和共享。这样的标准化可以极大提高数据处理的效率，并减少编码错误的发生。

三、数据模型标准的作用

数据模型标准在数据治理中起着至关重要的作用，包括提高数据质量、促进数据共享、降低数据集成难度、支持数据分析和决策。

1. 提高数据质量

数据模型标准可以规范数据的收集、存储和使用过程，减少数据错误和冗余，从而显著提高数据的整体质量。通过标准化的流程，数据质量得到有效监控，确保数据在整个生命周期中的一致性和准确性。

2. 促进数据共享

数据模型标准提供了统一的数据交换和共享框架，使得不同系统间的数据能够顺畅地进行交互和共享。这种共享能力不仅提升了数据的价值，也为跨部门协作提供了便利，促进了数据驱动的决策制定。

3. 降低数据集成难度

在数据集成过程中，遵循统一的数据模型标准能够大大降低数据转换和映射的难度。这种标准化的流程可以提高数据集成的效率和准确性，确保不同数据源之间的兼容性，减少集成过程中的错误。

4. 支持数据分析和决策

数据模型标准有助于分析人员更清晰地理解和使用数据，从而提高数据分析和决策的准确性和可信度。标准化的数据模型使得数据分析工具能够更高效地处理数据，提供更加可靠的分析结果，为业务决策提供有力支持。

四、数据模型标准的制定过程

制定数据模型标准通常需要经过规划与准备、模型设计、标准制定、评审与验证、发布与实施、维护与更新这六个步骤。

1. 规划与准备

先成立工作小组，组建一个由相关领域专家、业务人员、数据管理员、技术人员等组成的数据模型标准工作小组。工作小组成员应掌握不同的专业知识和技能，以便从多个角度对数据模型标准进行制定和审查。

再明确目标与范围，确定数据模型标准制定的目标，例如提高数据质量、促进数据共享、支持业务决策等。同时，明确标准适用的业务范围、数据范围和系统范围，确保标准的针对性和有效性。

其次进行业务需求调研，深入了解企业或组织的业务流程、数据需求和使用场景。与各业务部门进行沟通和交流，收集他们对数据模型的要求和期望，以便在标准制定中充分考虑业务需求。

最后审查现有标准和模型，对企业或组织内部已有的数据标准、数据模型以及相关的规范和制度进行审查。分析其优点和不足，确定哪些标准可以保留、哪些需要修改或完善，以及哪些新的标准需要制定。

2. 模型设计

第一，对企业或组织的数据进行分类，常见的数据分类包括客户数据、产品数据、交易数据、财务数据等。确定各类数据的重要性和优先级，以便在模型设计中合理分配资源和关注重点。

第二，定义实体与属性，识别数据模型中的实体，即业务中的主要对象，如客户、订单、产品等。为每个实体定义属性，属性是对实体特征的描述，如客户的姓名、年龄、联系方式等。确保实体和属性的定义准确、清晰，能够完整地反映业务信息。

第三，确定关系，建立实体之间的关系，如一对一、一对多、多对多等。关系的定义应基于业务规则和数据的实际关联情况，以便在数据查询和分析时能够准确地获取相关信息。可以使用实体关系图（ER 图）等工具来可视化地表示实体和关系。

第四，制定命名和编码规则，统一数据模型中实体、属性、关系等元素的命名规范和编码规则。命名应具有唯一性、可读性和可理解性，编码应符合一定的格式和标准，以便于数据的识别和管理。

3. 标准制定

第一，制定数据格式标准，规定数据的格式，如日期格式、时间格式、数字格式、文本格式等。确定数据的长度、精度、小数点位数等约束条件，确保数据的一致性和准确性。

第二，制定数据取值范围标准，为每个属性设定合法的取值范围或枚举值。取值范围应根据业务规则和数据的实际情况进行确定，以保证数据的有效性和合理性。

第三，制定数据质量标准，定义数据的质量要求，包括数据的准确性、完整性、一致性、时效性等。确定数据质量的评估方法和指标，以便对数据质量进行监测和控制。

第四，制定数据安全标准，包括数据的访问控制、加密、备份、恢复等。确保数据的安全性和保密性，防止数据泄露和损坏。

4. 评审与验证

首先进行内部评审，组织工作小组成员和相关业务部门的代表对数据模型标准进行内部评审。评审内容包括标准的完整性、准确性、合理性、可操作性等。收集评审人员的意见和建议，对标准进行修改和完善。

然后进行试点验证，选择部分业务系统或数据项目进行试点验证，将制定的数据模型标准应用到实际的数据管理和处理中。通过试点验证，检验标准的可行性和有效性，发现并解决标准实施过程中可能出现的问题。

5. 发布与实施

经过多轮评审和试点验证后，对数据模型标准进行最终修订和完善。由相关的管理部门或领导批准后，正式发布数据模型标准文件，并将其作为企业或组织的数据管理规范和准则。为数据模型标准的实施提供技术支持，包括开发数据模型管理工具、建立数据标准库、提供数据转换和清洗服务等。确保标准的实施过程顺利进行，提高数据管理的效率和质量。组织开展数据模型标准的培训和宣传活动，使相关人员了解和掌握标准的内容和要求。培训内容包括标准的解读、应用方法、实施步骤等，确保标准能够得到有效的贯彻和执行。

6. 维护与更新

第一，要版本控制，对数据模型标准进行版本控制，记录标准的每次变更内容、变更原因和变更时间。确保标准的历史版本可追溯，便于管理和维护。

第二，要定期审查，定期对数据模型标准进行审查，评估标准的适应性和有效性。根据业务的发展变化、技术的进步以及用户的反馈意见，及时对标准进行修订。

第三，要持续改进，建立数据模型标准的持续改进机制，鼓励用户提出改进建议和意见。对标准的改进过程进行管理和控制，确保改进后的标准能够更好地满足企业或组织的数据管理需求。

五、数据模型标准的持续优化

随着企业业务的发展和技术的进步，数据模型标准需要不断进行优化和完善。持续优化可以从以下三个方面入手。

1. 定期评估

企业要定期评估数据模型标准的适用性和有效性，及时发现存在的问题和不足。通过评估，企业可以了解标准在实际应用中的效果，发现需要改进的地方。

2. 修订与更新

企业要根据评估结果和业务需求的变化，及时对数据模型标准进行修订和更新，以确保标准始终符合企业的实际情况和发展需求，使其在不断变化的业务环境中保持相关性。

3. 加强协同与沟通

加强数据管理部门与其他部门之间的协同和沟通，共同推动数据模型标准的执行和优化。通过跨部门的合作，企业能够更全面地了解数据使用情况，推动标准的持续改进和有效落实

第四节　数据交换标准

在数据治理中，数据交换标准扮演着至关重要的角色。它的核心目标是确保不同系统或组织之间的数据能够被正确交换和理解，从而实现数据的无缝对接和高效利用。随着信息技术的飞速发展和数字化转型的

深入，数据交换标准显得愈加重要，成为各类组织实现数据共享、协同合作的基础。

一、数据交换标准的定义

数据交换标准是指在数据交换过程中需要遵循的一系列规范、协议和格式。这些标准涵盖了数据交换的各个方面，包括数据格式、通信协议、数据编码、数据质量、数据安全等。企业通过制定和执行统一的数据交换标准，可以确保不同系统间的数据能够准确、高效地进行交换和共享。例如，制定标准化的数据格式（如 JSON、XML）能够提高数据在不同系统间的解析效率，确保信息的准确传递。

二、数据交换标准的内容

数据交换标准通常包含五个关键方面：数据格式标准定义统一的数据格式、通信协议标准规定数据交换过程中的通信协议、数据编码标准制定统一的编码规则、数据质量标准设定数据交换过程中的质量要求、数据安全标准制定保护措施。

1.数据格式标准

数据格式标准主要负责定义统一的数据格式，如 CSV、JSON、XML等。这些格式具有广泛的认可度和兼容性，能够确保数据在不同系统间的正确解析和传输。

2.通信协议标准

通信协议标准规定数据交换过程中的通信协议，如 HTTP、FTP、SMTP 等。这些协议确保了数据在传输过程中的稳定性和安全性，能够有效避免数据在传输过程中的丢失或损坏。

3.数据编码标准

数据编码标准制定统一的数据编码规则，如字符编码（UTF-8、ISO-8859-1）、数据压缩等。这有助于确保数据在不同系统间的正确显示和处理，避免因为编码不一致而导致的信息误解。

4. 数据质量标准

数据质量标准负责定义数据交换过程中的数据质量要求，包括数据的完整性、准确性、一致性等。这些标准有助于确保交换数据的可靠性和可用性，提升数据分析和决策的基础。

5. 数据安全标准

数据安全标准制定数据安全保护措施，如数据加密、访问控制等。这确保了数据在交换过程中的保密性和完整性，防止数据泄露和篡改，从而保护组织的核心数据资产。

三、数据交换标准的作用

数据交换标准在数据治理和信息系统互操作中发挥着重要作用，主要体现在四个方面：通过制定统一的标准，提高数据交换效率；数据交换标准确保不同系统间数据格式和编码的一致性；数据安全措施的实施有助于保护数据在传输过程中的保密性和完整性；统一的数据交换标准可以降低数据交换成本。

1. 提高数据交换效率

制定统一的数据交换标准，可以简化数据交换过程，减少数据格式转换和传输延迟，从而提高数据交换的效率。这对于需要频繁交换信息的业务场景尤为重要。

2. 确保数据格式和编码的一致性

数据交换标准确保了不同系统间数据格式和编码的一致性，避免了数据在传输过程中的失真和误解。通过标准化，组织能够实现对数据质量的有效管理。

3. 加强数据安全

数据交换标准中的数据安全措施有助于保护数据在传输过程中的保密性和完整性，防止数据泄露和被篡改。随着网络安全威胁的增加，强化数据安全措施变得愈加重要。

4.降低数据交换成本

制定统一的数据交换标准可以减少数据交换过程中的重复劳动和资源浪费，从而降低数据交换的成本。通过减少因不一致标准而产生的错误和返工，组织可以更有效地利用资源。

四、数据交换标准的制定和执行

数据交换标准的制定和执行包括五个关键步骤：需求调研、标准制定、进行评审和发布、进行培训和推广、建立监督和评估机制。

1.需求调研

企业要深入了解内部的业务需求和数据交换场景，明确数据交换标准的目标和范围；通过访谈、问卷等方式收集相关信息，确保标准的制定与实际需求相符。

2.标准制定

企业要根据需求调研结果，结合行业标准和最佳实践，制定数据交换标准的具体内容。它应包括数据格式、通信协议、数据编码、数据质量、数据安全等方面的规定，以确保标准的全面性和适用性。

3.评审和发布

企业要组织专家和业务人员对制定的数据交换标准进行评审和修订，确保标准的合理性和可行性。评审通过后，企业再正式发布数据交换标准，并确保所有相关人员能够了解和遵循。

4.培训和推广

企业要对数据管理人员和业务人员进行培训，推广数据交换标准的使用，确保标准得到有效执行。培训不仅应包括标准的内容，还应强调标准执行的重要性和对业务的影响。

5.监督和评估

企业要建立数据交换标准的监督和评估机制，定期检查和评估标准的执行情况，及时发现和解决问题。通过反馈机制，企业应持续改进和优化标准，确保其能够与时俱进，满足不断变化的业务需求。

五、数据交换标准的发展趋势

随着技术的不断发展和业务需求的变化，数据交换标准也在不断演进。未来，数据交换标准将更加注重实时性、安全性和可扩展性等方面的要求。

1. 区块链技术的应用

采用区块链技术可以确保数据交换的透明度和不可篡改性，提升数据交易的信任度和安全性。

2.API 接口的使用

采用 API 接口可以实现数据的实时交换和共享，支持不同系统间的灵活连接与数据流动，提升业务响应速度。

3. 加密技术的加强

采用更先进的加密技术可以确保数据在交换过程中的保密性和完整性，降低数据泄露风险，增强用户信任。

✎ 小贴士

吉林大学数据治理案例分析

一、背景介绍

随着信息技术的飞速发展，大数据已经成为信息化发展的新阶段。数字革命和互联网技术为信息时代带来了新机遇、新格局。在这一背景下，数据治理逐步成为推动高校信息化建设的重要技术手段。2021 年教育部发布的第 13 号文《关于加强新时代教育管理信息化工作的通知》明确指出，到 2025 年，新时代教育管理信息化制度体系基本形成，信息系统实现优化整合，数据实现"一数一源"，数据孤岛得以打通，数据效能充分发挥，服务体验明显提升。这为吉林大学数据治理项目的启动提供了政策支持和方向指引。

高校作为知识传播与创新的重要基地，其信息化建设水平直接关

系到教育质量和管理效率。然而，在传统的管理模式下，高校内部往往存在数据孤岛、重复填报、重复登录等问题，严重影响了师生的使用体验和学校的管理效率。为了解决这些问题，吉林大学决定通过数据治理来推动信息共享和信息化建设，提升学校的核心竞争力。

吉林大学在信息化建设过程中已经积累了大量的业务数据，但这些数据往往分散在不同的业务系统中，难以实现有效的共享和利用。同时，由于一些历史遗留问题以及缺乏统一的数据质量管理规范，吉林大学在数据采集、存储、处理等环节存在不科学、不规范等情况，致使数据质量参差不齐，使用率不高，无法作为科学决策的依据。这些问题严重制约了吉林大学信息化建设的进一步发展。

二、数据治理标准体系

吉林大学首先制定了详细的数据治理标准体系，这是整个数据治理工作的基石。该体系明确了以下几个方面：第一，数据来源管理。明确了数据的产生源头和采集方式，确保数据的准确性和可靠性，对数据来源进行统一登记和管理，避免数据重复采集和冗余。第二，数据流向管理。规划了数据在各部门、系统之间的流动路径，确保数据的顺畅流通，对数据流向进行监控和管理，防止数据泄露和滥用。第三，存储结构管理。设计了合理的数据存储架构，提高数据访问效率和安全性，对存储结构进行定期优化和调整，以适应业务发展的需求。第四，使用和共享规则。制定了数据使用的权限和审批流程，确保数据的合规使用，明确了数据的共享范围和方式，促进数据资源的有效利用。

吉林大学还明确了数据治理标准体系的关键要素，该关键要素包括以下几个方面。第一，合法合规原则。要遵循国家法律法规和相关规定，确保数据治理工作的合法合规性。第二，统筹建设原则。学校统筹数据的采集、储存、共享、公开和安全管理等工作，各相关部门分头实施，各负其责，共同建设。第三，开放共享原则。在依法保障产权和安全的前提下，实行最大限度地开放共享，不共享情况为例外。第四，安全可控原则。完善数据安全管控机制，明确数据管理程序，做到数据全过程管理，保护个人隐私信息，保障数据安全。第五，一数一源原则。按照业务职能，明确数据产生的第一源头部门为该数据维护的责任部门，负责实时更新、共享流转，保障数据的完整性、准确性、唯一性。第六，最小必要原则。在满足信息化建设必要需求前提下，在最小范围内采集、存储、使用数据和个人信息，对于个人信息的处理采用最小操作权限划分，不得超过范围处置个人信息。第七，知情同意原则。信息化应用中使用的数据和个人信息，应明确告知相关部门，并由相关部门同意后，方可使用。

三、解决数据孤岛问题

通过数据治理，吉林大学成功打破了各部门之间的数据壁垒，解决了数据孤岛问题。这主要体现在以下几个方面。

1. 数据孤岛问题得到有效解决

通过一系列数据治理措施的实施，吉林大学成功解决了数据孤岛问题，实现了数据的互联互通和高效利用。这极大地提高了学校的管理效率和决策水平。

2. 提升了信息化服务水平

随着数据孤岛问题的解决，吉林大学的信息化服务水平得到了显著提升。学校能够更好地满足广大师生的多元化需求，提供更加便捷、高效的信息服务。

3. 推动了学校的内涵式发展

数据治理工作的深入推进，为吉林大学的内涵式发展提供了有力支撑。通过数据的互联互通和高效利用，学校能够更好地把握发展趋势和师生需求，从而制定更加科学、合理的发展战略和规划。

四、"智慧大脑"与"智能推荐"数据分析平台

为了进一步提升数据的应用价值，吉林大学构建了"智慧大脑"和"智能推荐"数据分析基础平台。这两个平台的功能如下。

1. "智慧大脑" 数据分析平台

"智慧大脑" 数据分析平台是吉林大学为了更好地发挥数据资产价值，推动学校信息化建设而构建的重要平台。该平台旨在通过集成统计、查询、分析等功能，实现对学校基础设施、教工、学生、科研等大量数据的可视化分析和管理，为学校决策提供数据支撑。

该平台有以下的功能与特点：第一，数据集成与整合。"智慧大脑" 平台能够集成和整合来自不同业务系统的数据，打破数据孤岛，实现数据的互联互通。第二，可视化分析。平台提供丰富的可视化分析工具，如柱状图、折线图、饼图等，帮助用户直观地理解数据背后的信息和趋势。第三，决策支持。通过对数据的深入挖掘和分析，平台能够为学校管理层提供决策支持，助力学校实现精准化管理和科学化决策。

"智慧大脑" 数据分析平台自上线以来，已经为吉林大学的多个部门和学院提供了数据支持。通过该平台，学校管理层能够更加准确地了解学校的运行状况和发展趋势，从而制定出更加科学合理的决策。

2. "智能推荐" 数据分析平台

"智能推荐" 数据分析平台是吉林大学为了进一步提升用户体验和服务质量而构建的平台。该平台基于用户的历史行为和偏好，通过算法模型为用户提供个性化的推荐服务。

该平台有以下的功能与特点：第一，个性化推荐。平台能够根据用户的历史行为和偏好，为用户推荐相关的资源和服务，如课程、论文、图书等。第二，智能算法。平台采用先进的智能算法模型，如协同过滤、基于内容的推荐等，提高推荐的准确性和相关性。第三，用户交互。平台提供友好的用户交互界面，方便用户查看推荐结果并进行反馈，从而不断优化推荐效果。

"智能推荐" 数据分析平台在吉林大学的应用中取得了显著成效。通过该平台，学生能够更加方便地找到适合自己的课程和学习资源，提高了学习效果和满意度。同时，教师也能够通过平台了解学生的学习情况和兴趣偏好，为教学提供更加精准的指导和支持。

五、数据治理成效

吉林大学在数据治理方面取得了显著成效，这些成效不仅提升了学校的信息化水平，还促进了管理效率的提高和决策的科学化。吉林大学数据治理成效的包括以下几个方面。

1. 解决了"重复填报、重复登录"问题

通过"一张表"平台的使用，吉林大学基本解决了师生重复填报的问题，融合门户平台的上线，向彻底解决"重复登录"问题又迈进了一大步。

2. 提升了数据质量

吉林大学通过数据治理，提高了数据的准确性和可靠性，减少了数据冗余和错误。学校为重点数据产生部门提供数据质量报告，召开数据治理会议，不断优化数据治理流程和方法。

3. 提升了信息化支撑和引领能力

吉林大学以数据为核心、业务为驱动、算法为支撑、AI为辅助，构建了"智慧大脑""智能推荐"数据分析基础平台。平台提供集统计、查询、分析于一身的通用报表，配合丰富的展现及交互能力，通过可视化分析对学校基础设施、教工、学生、科研等大量数据进行管理、统计。

4. 促进了决策的科学化

通过数据治理和数据分析平台的建设，吉林大学实现了数据驱动服务个性化、管理模块精准化、决策分析科学化。数据分析平台为校院两级决策提供了科学的数据支撑，提高了决策的准确性和及时性。

5. 提升了师生的便捷应用和服务体验

融合门户平台使全校师生可直接跳转进入人力资源系统、教务教学管理系统、组织工作管理系统、财务系统等多个业务应用，提高了业务办理的效率。

第七章

数据质量体系

▶▶▶

数据质量体系是企业数据治理一个重要的组成部分，企业数据治理的所有工作都是围绕提升数据质量目标而开展的。要做好数据质量的管理，企业应从数据的源头抓起，从根本上解决数据质量问题，对于数据质量问题采用量化管理机制，分等级和优先级进行管理，通过统计过程控制对数据质量进行监测。一旦发现异常值或者数据质量的突然恶化，企业应立即根据数据产生的逻辑找到产生数据的业务环节，然后对业务进行完善，做到有的放矢。

第一节　数据质量

数据是当代企业的重要资产，高质量的数据对于保证业务运营、决策制定和战略执行的效率和准确性至关重要。随着数据资产的不断增长，如何有效地管理和维护数据质量已经成为企业面临的一个重大挑战。

一、数据质量的定义

ISO9000标准对质量的定义为"产品固有特性满足要求的程度"，其中"要求"指"明示的、隐含的或必须履行的需求或期望"，强调"以顾客为关注焦点"。数据质量"既指与数据有关的特征，也指用于衡量或改进数据质量的过程"。

高质量的数据应当具有完整性、准确性、一致性等特征。反之，低劣的数据质量将给企业带来诸多风险，如决策失误、运营效率低下、违规等。因此，建立一套完善的数据质量管理体系对于任何依赖数据驱动的企业而言都是必不可少的。

二、数据质量维度

数据质量维度提供了定义数据质量要求的一组词汇。通过这些维度定义企业可以评估初始数据质量和持续改进的成效。数据质量的六个核心维度包括完整性、有效性、准确性、及时性、一致性、唯一性。每一个维度都在确保数据的高质量和可用性方面发挥着重要作用。数据质量的六个核心维度相互关联，共同构成了全面评估数据质量的基础框架。

1. 完整性

完整性是数据质量的基础，指的是在数据创建和传递过程中，没有缺失和遗漏。完整性可以细分为四个方面：实体完整、属性完整、记录完整和字段值完整。只有当数据完全无缺时，其潜在的价值才能得到充分发挥。例如，员工工号不可为空，这是确保每位员工都有唯一识别标识的必要条件。不完整的数据会导致决策的错误，从而影响整体业务的效率。

2. 有效性

有效性涉及数据的值、格式和展现形式是否符合既定的数据定义和业务要求。它通常涵盖范围有效性、日期有效性和形式有效性等多个方面。有效性主要体现在数据记录的规范性和逻辑性上。例如，员工的国籍必须是国家基础数据中定义的允许值，而手机号码应始终为 11 位数字。有效的数据不仅保证了信息的准确传递，还增强了系统的可信度和可用性。

3. 准确性

准确性指的是数据是否真实、精确地记录了原始数据，并无虚假信息。它反映了数据值与设定的准确值之间的一致程度。准确的数据应能够真实地反映所建模的"真实世界"实体。例如，员工的身份信息必须与其身份证件上的信息保持一致。准确性不仅关乎数据本身，而且还直接影响到分析和决策的正确性。

4. 及时性

及时性是指数据能够在适当的时间内被记录和传递，以满足业务对信息获取的时间要求。数据交付、抽取和展现都需做到及时，以确保决策的有效性。如果数据分析的周期加上数据建立的时间过长，那么得出的结论就可能失去其参考价值。因此，确保数据在业务所需的时间框架内被及时更新，是提升数据质量的关键因素。

5. 一致性

一致性要求遵循统一的数据标准记录和传递数据，确保同一数据在不同数据集之间保持一致的值。这一维度主要体现在数据记录的规范性和逻辑性。例如，同一工号在不同系统中的员工姓名需保持一致。数据的一致性能够避免信息混乱，提升信息的可靠性，从而在不同业务环节中实现更高效的协作。

6. 唯一性

唯一性是指每个数据实体只能有唯一的标识符。这意味着在一个数据集中，一个实体只应出现一次，并且每个唯一实体都应有一个键值，该键值仅指向该实体。例如，每位员工应有且仅有一个有效工号。这一维度对于避免数据冗余和确保数据管理的高效性来讲是至关重要的。

三、数据质量的重要性

数据质量的重要性在现代企业中变得越发突出。我们从数据质量的决策基础、客户满意度、业务流程效率、成本控制、法规合规五个关键方面，说明其对企业的重要性。

1. 决策基础

数据质量直接影响到企业决策的准确性和可靠性。如果数据存在错误、不完整或不一致的情况，决策者将无法获得准确的信息，从而可能导致错误的决策和策略。高质量的数据可以为管理层提供可靠的依据，使其能够做出明智的决策。

2. 客户满意度

数据质量直接关系到企业与客户之间的关系。如果客户的个人信息被错误记录或泄露，将对客户的信任产生负面影响。另外，数据质量也会影响到客户服务和沟通的效果。准确、及时、一致的数据有助于提供个性化的服务，满足客户需求，增强客户忠诚度。

3. 业务流程效率

高质量的数据可以提升业务流程的效率和准确性。例如，在供应链管理中，准确的库存数据和供应商信息可以帮助企业更好地进行库存控制和物流规划。而数据质量低下则可能导致错误的订单处理、物料短缺或过剩，从而影响业务流程的正常运转。

4. 成本控制

低质量的数据可能导致额外的成本和资源浪费。数据错误和不一致性会增加纠错和修复的工作量，导致人力资源和时间的浪费。此外，数据质量问题还可能导致重复劳动、产品退货、客户投诉等额外成本。通过确保数据质量，企业可以降低这些不必要的成本。

5. 法规合规

许多行业都有严格的关于数据保护和隐私的法规要求。保持数据的准确性、完整性和保密性对于遵守法律法规而言非常重要。数据泄露或数据不符合规则要求可能会使企业面临罚款、声誉损害和法律诉讼等风险。

第二节　数据质量问题与成因

企业应通过有效的数据质量控制手段，进行数据的管理和控制，消除数据质量问题进而提升其数据变现的能力。在数据治理过程中，一切业务、技术和管理活动都围绕这个目标和开展。

一、常见的数据质量问题

企业常见的数据质量问题包括数据缺失、数据错误、数据不一致、数据重复、数据精度问题、数据不完整、数据格式问题、数据安全和隐私问题。这些数据质量问题对企业的数据分析、决策和运营都会带来负面影响。因此，建立数据质量体系和采取相应的数据质量管理措施是重要的，可以确保数据的准确性、完整性、一致性和安全性。

1. 数据缺失

数据缺失是指在数据集中某些字段或记录缺少必要的数据值。这种情况可能出现在多个层面，例如在客户数据库中某些客户的联系方式缺失，或者在销售数据中某些交易的金额未记录。数据缺失不仅会导致分析结果的不准确性和不完整性，还可能影响决策的可靠性。例如，如果销售报告中缺少重要的销售数据，管理层将难以做出正确的市场策略决策，进而影响整体业务发展。

2. 数据错误

数据错误指的是数据值与实际情况不符，或包含错误信息。常见的数据错误包括日期格式错误、数字数据的计算错误、输入失误等。例如，在输入客户信息时，企业员工可能会误将某个客户的生日记录为错误的日期。这类错误可能导致分析结果的偏差，从而影响决策的质量，甚至可能引发法律和合规风险。

3. 数据不一致

数据不一致是指同一类数据在不同数据源或系统中存在差异。例如，同一客户的信息在销售系统和客服系统中有不同的记录，可能导致企业在处理客户关系时产生困惑。这种不一致性不仅影响数据的集成和共享，还可能导致各部门之间的信任危机，增加沟通成本和决策的复杂性。

4. 数据重复

数据重复是指同一数据记录在数据集中出现多次。这种情况通常由数据输入不规范或数据合并时未进行去重处理而产生。数据重复会导致数据冗余、资源浪费，增加数据处理和存储的成本。例如，如果客户数据库中同一客户的记录被多次输入，不仅会影响市场营销的效果，还可能导致客户服务的混淆，进而影响客户满意度。

5. 数据精度问题

数据精度问题包括数据的精确性和精度。精确性指数据值与实际情况的一致性，而精度则指数据的有效数字位数或小数位数。例如，如果销售数据中的价格记录精确到小数点后两位，但实际价格存在更高的精度要求，这将导致财务报告和业绩分析的偏差。数据精度问题可能影响重要计算的准确性，进一步影响业务决策。

6. 数据不完整

数据不完整是指数据集中某些字段或记录缺少部分数据。例如，客户信息中缺少联系方式或地址信息，导致无法有效地与客户沟通。这种不完整性会降低数据的可用性，影响企业的市场营销和客户关系管理，最终导致收入损失和客户流失。

7. 数据格式问题

数据格式问题指的是数据的格式与要求不符合。例如，日期格式可能为"YYYY-MM-DD"，而系统却要求"DD/MM/YYYY"，这将导致数据解析错误，影响数据集成和分析。数据格式问题不仅会增加数据处理的难度，还可能导致系统在读取数据时发生错误，影响业务流程的顺畅性。

8. 数据安全和隐私问题

数据安全和隐私问题是指数据在存储、传输和处理过程中存在未经授权的访问、泄露或篡改的风险。随着数据隐私法规（如 GDPR）的日益严格，企业面临的合规压力也在增加。数据安全和隐私问题可能导致数据泄露、侵犯用户隐私，进而损害企业声誉和法律合规性。例如，客户的个人信息若被泄露，企业不仅可能面临巨额罚款，还会失去客户的信任，影响其长期发展。

二、数据质量问题根因分析

影响数据质量的因素复杂多样，主要可以归结为技术、业务、管理三大方面。技术层面的因素可能会导致数据失真、丢失或不一致，业务方面的因素通常会引发数据完整性和准确性的问题，管理方面的因素会导致数据质量下降。因此，要提升数据质量，企业需要从技术、业务和管理这三个维度综合施策，形成闭环的数据质量管理体系。

1. 技术方面

一是数据模型设计的质量问题。例如数据库表结构、数据库约束条件、数据校验规则的设计开发不合理，会造成数据录入无法校验或校验不当，引起数据重复、不完整、不准确。二是数据源存在数据质量问题。例如，有些数据是从生产系统被采集过来的，在生产系统中这些数据就存在重复、不完整、不准确等问题，而采集过程没有对这些问题做清洗处理。三是数据采集过程中的质量问题。例如，采集点、采集频率、采集内容、映射关系等采集参数和流程设置的不正确。四是数据采集接口效率低。这会导致的数据采集失败、数据丢失、数据映射和转换失败。五是数据传输过程的问题。例如，数据接口本身存在问题、数据接口参数配置错误、网络不可靠等都会造成数据传输过程中的数据质量问题。六是数据装载过程的问题。例如，数据清洗规则、数据转换规则、数据装载规则配置有问题。七是数据存储的质量问题。例如，数据存储设计不合理、数据的存储能力有限、人为后台调整数据，引起的数据丢失、数据无效、数据失真、记录重复。八是业务系统各自为政。烟囱式建设会导致系统之间的数据不一致问题严重。

2. 业务方面

一是业务需求不清晰。例如，数据的业务描述、业务规则不清晰会导致技术无法构建出合理、正确的数据模型。二是业务需求变更。业务需求变更对数据质量影响非常大。需求变化会让数据模型设计、数据录入、数据采集、数据传输、数据装载、数据存储等环节都受到影响，稍有不慎就会导致数据质量问题的发生。三是业务端数据输入不规范。常见的数据录入问题有大小写、全半角、特殊字符等录错。人工录入的数据质量与录数据的业务人员工作能力密切相关，录数据的员工工作严谨、认真，数据质量就相对较好，反之就较差。四是数据作假。操作人员为了提高或降低考核指标，对一些数据进行处理，使得数据真实性无法保证。

3. 管理方面

一是管理缺乏数据思维，并未认识到数据质量的重要性，重系统而轻数据；未设置明确的数据归口管理部门或岗位，缺乏数据认责机制，数据质量出现问题无人负责。二是缺乏数据规划，未设定明确的数据质量目标，也未制定数据质量相关的政策和制度。三是数据输入规范不统一，业务部门不同、时间不同，或者数据输入规范不同，造成数据冲突或矛盾。四是缺乏有效的数据质量问题处理机制，数据质量问题从发现、指派、处理、优化缺少统一的流程和制度支撑，数据质量问题无法闭环。五是缺乏有效的数据管控机制，对历史数据质量检查、新增数据质量校验没有明确和有效的控制措施，出现数据质量问题无法考核。

影响数据质量的因素，可以总结为两类：客观因素和主观因素。客观因素：在数据各环节流转中，由于系统异常和流程设置不当等因素，从而引起的数据质量问题。主观因素：在数据各环节处理中，由于人员素质低和管理缺陷等因素，从而操作不当而引起的数据质量问题。

第三节　数据质量管理

数据是数字化时代企业的重要资产，数据可以以产品或服务的形态为企业创造价值。产品和服务的质量管理已形成科学完整成熟的体系，例如国际权威的质量管理体系 IOS9001。其重点强调以客户为关注焦点、领导作用、全员参与、过程方法、持续改进、循证决策和关系管理。根据 ISO9001 以及企业在数据治理方面的相关经验，企业数据质量管理应从组织环境、数据质量管理方针、数据质量问题分析、数据质量监控、数据全周期管理几个方面着手。

一、组织环境

强有力的数据管理组织的建设是数据治理项目成功实施与持续优化的最根本保证，其作业核心主要体现在两个至关重要的层面。首先，在制度层面，这一组织需肩负起制定并完善企业数据治理的相关规章制度与流程的重任，确保这些规范不仅科学合理，而且能够在企业内部得到广泛推广与深入实践，逐步融入并成为企业文化不可或缺的一部分，为数据治理提供坚实的制度支撑。

其次，在执行层面，数据管理组织需紧密围绕企业各项业务需求，通过高效的数据管理手段和技术工具，确保为各类业务应用提供高准确性、高可靠性、高时效性的数据支持，从而助力企业决策更加精准，运营更加高效，最终实现数据资产价值的最大化。

二、数据质量管理方针

为了改进和提高数据质量，企业须从产生数据的源头开始，从管理入手，对数据运行的全过程进行监控，强化全面数据质量管理的思想观念，把这一观念渗透到数据生命周期的全过程。数据质量问题是影响系统运行、业务效率、决策能力的重要因素，是影响企业降本增效、业务创新的核心要素。对于数据质量问题的管理，企业要采用事前预防控制、事中过程控制、事后监督控制的方式进行数据质量问题的管理和控制，持续提升企业数据质量水平。

三、数据质量问题分析

关于质量问题的分析，六西格玛是一种改善企业质量流程管理的技术，以"零缺陷"的完美商业追求，以客户为导向，以业界最佳为目标，以数据为基础，以事实为依据，以流程绩效和财务评价为结果，持续改进企业经营管理的思想方法、实践活动和文化理念。六西格玛重点强调质量的持续改进，对于数据质量问题的分析和管理，该方法依然适用。根据六西格玛的 DMAIC 模型，我们可以将数据质量分析定义为五个阶段。

1. 定义阶段（D 阶段）

在这个阶段，我们需要明确数据质量治理的范围，并合理界定数据质量改进的方向和内容。我们可以采用主数据识别法、专家小组法、问卷调查法和漏斗法等工具，来确定数据治理的对象和范围。通常，企业的数据质量治理主要涉及两类数据：一类是操作型数据，包括主数据、参照数据和交易数据；另一类是分析型数据，如主题数据和指标数据等。

2. 测量阶段（M阶段）

在定义数据治理的对象和内容之后，我们需要选择若干关键指标作为数据质量评价标准，建立数据质量评估模型以对企业的数据进行全面评估和测量。常用的数据质量评价指标包括数据唯一性、数据完整性、数据准确性、数据一致性、数据关联性和数据及时性等。这些指标将帮助企业量化数据质量，并为后续的分析提供基础。

3. 分析阶段（A阶段）

在这一阶段，基于建立的数据质量评估模型，我们要进行数据质量分析，以识别数据质量问题的"重灾区"。我们需要确定影响数据质量的关键因素。数据治理与大数据分析相辅相成，提升数据质量的目标是提高数据分析的准确性，而大数据分析技术可以反向推动数据治理。回归分析、因子分析、鱼骨图分析、帕累托分析和矩阵数据分析等技术，能够更准确、直观地定位数据质量问题的根源。

4. 改进阶段（I阶段）

在这一阶段，我们可以通过制定改进管理和业务流程，优化数据质量方案，以消除数据质量问题或将其影响降至最低。数据质量的提升应从管理和业务入手，深入挖掘数据质量问题的根本原因。同时，数据质量管理是一个持续优化的过程，需要企业全员参与，并逐步培养全员的数据质量意识和数据思维。常用的方法包括流程再造和绩效激励等。

5. 控制阶段（C阶段）

在控制阶段，我们需固化数据标准，优化数据管理流程，并通过有效的数据管理和监控手段，确保流程改进的成果，进而提升数据质量。主要方法包括标准化、程序化和制度化。这一阶段的目标是建立长效机制，确保数据质量持续得到控制和改善，从而为企业的长期发展提供可靠的数据支持。

四、数据质量监控

数据治理常态化被公认为是解决数据质量问题最为有效的途径，它强调将数据管理融入企业的日常运营之中，形成一种持续优化、自我纠正的机制。要实现这一常态化的治理目标，企业必须进行深刻的变革。在这一常态化的治理框架下，数据质量监控成为一项核心任务。它可以细分为事前预防控制、事中过程控制和事后监督控制三个阶段。这三个阶段的有机结合，构成了一个全面、动态的数据质量监控体系，为数据治理常态化的实现奠定了坚实的基础。

1. 事前预防控制

建立数据标准化模型，对每个数据元素的业务描述、数据结构、业务规则、质量规则、管理规则、采集规则进行清晰的定义。以上的数据质量的校验规则、采集规则本身也是一种数据，在元数据中被定义。面对庞大的数据种类和结构，如果没有元数据来描述这些数据，使用者无法准确地获取所需信息。元数据使得数据可以被理解、使用，进而产生价值。企业要构建数据分类和编码体系，形成数据资源目录，让用户能够轻松地查找和定位到相关的数据。实践告诉我们，做好元数据管理，是预防数据质量问题的基础。

数据质量问题的预防控制最有效的方法就是找出发生数据质量问题的根本原因并采取相关的策略进行解决；确定引起数据质量问题的相关因素，并区分它们的优先次序；为解决这些问题形成具体的建议；最终确定关于行动的具体建议和措施。企业要基于这些建议制定并且执行提高方案，以预防未来数据质量问题的发生。

2. 事中过程控制

数据质量的过程控制，即在数据的维护和使用过程中去监控和处理数据质量，通过建立数据质量的流程化控制体系，对数据的新建、变更、采集、加工、装载、应用等各个环节进行流程化控制。数据质量的过程控制，要做好两个强化。

一是强化数据的标准化生产，从数据的源头控制好数据质量。该过程可以采用系统自动化校验和人工干预审核相结合的方式进行管理。数据的新增和变更一方面通过系统进行数据校验（对于不符合质量规则的数据不允许保持），另一方面采集流程驱动的数据管理模式。数据的新增和变更操作都需要人工进行审核，只有审核通过才能生效。

二是强化数据质量预警机制，对于数据质量边界模糊的数据采用数据质量预警机制。数据预警机制是对数据相似性和数据关联性指标的重要控制方法。针对待管理的数据元素，配置数据相似性算法或数据关联性算法，在数据新增、变更、处理、应用等环节调用预置的数据质量算法，进行相识度或关联性分析，并给出数据分析的结果。数据预警机制常用在业务活动的交易风险控制等场景。

3. 事后监督控制

只要是人为干预的过程，总会存在数据质量的问题。为了避免或减轻其对业务的影响，我们需要及时发现问题。定期开展数据质量的检查和清洗工作应作为企业数据质量治理的常态工作。

一要设置数据质量规则。基于数据的元模型配置数据质量规则，即针对不同的数据对象，配置相应的数据质量指标，不限于数据唯一性、数据准确性、数据完整性、数据一致性、数据关联性、数据及时性等。

二要设置数据检查任务。设置成手动执行或定期自动执行的系统任务，通过执行检查任务对存量数据进行检查，形成数据质量问题清单。

三要出具数据质量问题报告。根据数据质量问题清单汇总形成数据质量报告，数据质量报告支持查询、下载等操作。制定和实施数据质量改进方案，进行数据质量问题的处理。

四要评估与考核。通过定期对系统开展全面的数据质量状况评估，从问题率、解决率、解决时效等方面建立评价指标进行整改评估，根据整改优化结果，进行适当的绩效考核。

五、数据全周期管理

数据的生命周期从数据规划开始，中间是一个包括设计、创建、处理、部署、应用、监控、存档、销毁这几个阶段并不断循环的过程。企业的数据质量管理应贯穿数据生命周期的全过程，覆盖数据标准的规划设计、数据的建模、数据质量的监控、数据问题诊断、数据清洗、优化完善等方面。

1. 数据规划

这是数据生命周期的起点，也是数据质量管理的战略基石。企业应从宏观战略的高度出发，不断完善数据模型的规划，确保数据质量管理与企业战略紧密结合，构建起一套健全的数据治理体系。这一体系不仅应明确数据管理的目标、原则和方法，还应将其深植于企业文化之中，形成全员参与、共同维护数据质量的良好氛围。

2. 数据设计

在设计阶段，数据标准化的制定与贯彻执行至关重要。企业应依据数据标准化的要求，实施统一的数据建模管理，确保数据分类、数据编码以及数据存储结构的规范性和一致性。这为后续的数据集成、交换、共享以及应用奠定了坚实的基础，也为数据质量的提升创造了有利条件。

3. 数据创建

在数据创建阶段，利用精心设计的数据模型，企业可以确保数据结构的完整性和一致性。同时，通过严格执行数据标准，规范数据维护过程，并在此过程中嵌入数据质量检查机制，企业能够从源头系统开始，就保证数据的正确性、完整性和唯一性。这不仅减少了后续数据处理中的错误和冗余，也提高了数据的整体质量水平。

4. 数据使用

企业应利用元数据监控数据使用，利用数据标准保证数据正确，利用数据质量检查加工正确。元数据提供各系统统一的数据模型进行使用，监控数据的来源去向，提供全息的数据地图支持。企业从技术、管理、业务三个方面进行规范，严格执行数据标准，保证数据输入端的正确性。数据质量提供了事前预防、事中预警、事后补救的三个方面措施，形成完整的数据治理体系。

第四节　数据质量评价与改进

在执行了一系列的举措来系统性地管理数据质量之后，验证并持续提升数据质量的治理效果成为不可或缺的一环。这一环节主要围绕数据质量评价模型的建设以及数据质量的持续改进措施展开。通过建立这样一套全面的数据质量评价模型，并对各项指标进行定期度量和分析，我们可以有效地监控和改进数据质量。这不仅有助于保证数据处理作业的及时性、稳定性和准确性，还能为准确的决策和业务分析提供有力支持。

一、数据质量评价体系建设

数据质量评价体系是企业在数据管理中不可或缺的组成部分，旨在通过系统化的评估手段来量化和分析数据的质量。数据质量评价模型作为这一体系的核心，提供了一个全面且客观的框架，用于衡量数据是否符合既定的质量标准和业务需求。通过实施一系列具体的指标和方法，我们能够更有效地识别和解决数据质量问题，从而提升企业的整体数据管理水平。

1. 数据完整性

数据完整性是衡量数据质量的基础指标之一，旨在确保数据项的信息全面、完整且无缺失。为评估数据完整性，我们可以计算表完整性和字段完整性的平均值，这种综合评分能够直观地反映数据的完整程度。例如，如果某一数据表缺少多个字段的值，那么该表的完整性评分将会显著降低，进而影响后续的数据分析和决策。

2. 监控覆盖率

为了确保数据在处理过程中的一致性和合规性，监控覆盖率是一个重要的指标。它通过计算已监控作业的个数与作业总个数的比例，来衡量我们对数据处理流程的监控程度。较高的监控覆盖率意味着大多数数据作业均处于可控状态，能够及时发现潜在的数据质量问题，确保数据处理的规范性和准确性。

3. 告警响应度

在数据管理过程中，及时响应和处理告警是降低或消除数据问题影响的关键环节。告警响应度指标通过计算已处理告警的个数与告警总个数的比例，评估团队对告警的响应速度和处理效率。较高的告警响应度不仅能够快速解决数据问题，还能增强团队的敏捷性和应对突发事件的能力。

4. 作业准确性

为了确保数据符合预设的质量要求，例如唯一性约束和记录量校验，我们需要对作业进行准确性评估。作业准确性指标通过计算作业告警的个数与监控作业总个数的比例并取反，来衡量作业的准确性水平。较高的作业准确性不仅意味着数据质量有保障，还有助于提升数据的可信度，从而为企业决策提供坚实的基础。

5. 作业稳定性

作业的运行稳定性对于保证数据质量至关重要。作业稳定性指标通过计算错误作业的个数与作业总个数的比例并取反，来评估作业的稳定性。如果作业频繁出现错误，这可能会导致数据处理流程的不稳定，进而影响到最终数据的质量和可靠性。因此，持续监控作业的稳定性，有助于及时发现并修复潜在的问题，确保数据处理的顺畅。

6. 作业及时性

数据的及时性对于业务分析和决策的有效性至关重要。作业及时性指标通过计算延迟作业的个数与作业总个数的比例并取反，来衡量数据项信息可被获取和使用的时间是否满足预期要求。较高的作业及时性能够确保决策者在合适的时间获取所需的数据，从而做出快速且准确的业务决策。

7. 作业性能分

作业的执行效率和健康度同样对数据质量至关重要。作业性能分指标通过计算严重和危急作业的个数与作业总个数的比例并取反，来诊断作业是否存在性能问题，如倾斜或资源分配不均等。通过定期评估作业性能，企业可以及时调整资源配置，优化作业流程，确保数据处理的高效性和稳定性。

二、数据质量持续改进

数据质量的持续改进是一个不断循环的过程，旨在逐步提升数据质量，以支持更有效的业务决策和运营。它涉及从制定改进措施、跟踪改进情况到刷新目标基线的一系列活动。

1. 制定改进措施

制定改进措施的第一步是明确数据质量问题。这一步骤通常在数据质量度量框架中的检查阶段完成，以识别出需要改进的数据领域。

企业针对这些领域明确改进的目标和预期成果。这些目标应该是具体的、可度量的、可达成的。企业应针对每个问题制定详细的行动计划。这可能包括修正数据错误、改进数据收集或处理流程、技术升级或人员培训等。

企业还要指定责任人或团队负责实施改进措施，并确保他们有足够的资源和权限。明确的改进目标、详细的行动计划和明确的责任分配是有效改进措施的关键。

2. 跟踪改进情况

一旦改进措施开始实施，企业需要跟踪其效果，确保改进活动按计划进行，并且能够达到预期的目标，定期检查改进措施的实施情况，监控与改进目标相关的关键指标。

企业还要分析改进措施对数据质量的影响，确定是否达到了改进目标。如果当前的改进措施没有达到预期效果，企业需要调整策略或采取新的措施。同时跟踪和评估改进情况是确保数据质量持续提升的重要步骤。

3. 刷新目标基线

随着业务环境和技术的变化，企业的数据质量目标也需要进行定期更新。企业要定期评估其数据质量状态，包括强项和弱项，也要根据业务策略、技术进步和市场变化，更新数据质量的目标，根据更新后的目标，制定新一轮的改进措施。通过定期刷新目标基线，企业可以确保其数据质量管理活动始终与业务目标和市场需求保持一致。

数据质量的持续改进是一个动态的过程，需要企业持续投入资源和关注。通过制定明确的改进措施、跟踪和评估改进情况，以及定期刷新目标基线，企业可以持续提升数据质量，从而支持更有效的业务决策和提高运营效率。通过这种持续的努力，企业可以逐步建立起一个成熟、可靠的数据质量管理体系。

第五节　沃尔玛数据质量体系

沃尔玛是一家全球领先的零售企业，经营模式包括超市、仓储俱乐部和电子商务。随着业务的扩展，沃尔玛面临着越来越复杂的数据管理挑战，包括产品库存、销售数据和顾客信息等。为了提升运营效率和顾客体验，沃尔玛决定建立一套完整的数据质量管理体系。

沃尔玛在建立数据质量管理体系方面的实施步骤和成效非常具有代表性，体现了大型零售企业如何有效管理和利用数据。通过系统的实施步骤和持续的改进，沃尔玛不仅提高了数据质量，还增强了整体的运营效率和顾客体验。在竞争激烈的市场环境中，这一体系为沃尔玛赢得了明显的竞争优势，提供了值得其他企业借鉴的宝贵经验。沃尔玛的数据质量体系实施步骤如下。

一、确定目标与需求

沃尔玛在推进数据质量管理的过程中，设定了明确且具体的数据质量目标。这些目标主要聚焦于提升数据的准确性、实时性和一致性，以便为公司在库存管理、供应链优化和个性化营销等方面提供有力支持。

沃尔玛的订单准确性目标旨在确保顾客订单处理的精确性，从而减少错误和提高客户满意度。为了实现这一目标，沃尔玛引入了先进的数据验证和检查机制，通过实时监测订单信息，及时发现和纠正潜在的错误。此外，沃尔玛还在系统中整合了智能算法，利用历史数据分析来预测可能的订单问题，以进一步降低错误率。

库存准确性是沃尔玛设定的另一项重要目标。沃尔玛致力于保持库存数据的实时更新，以降低缺货和过剩库存的发生。这一目标的实现依赖于对实时数据流的有效管理，沃尔玛通过实施物联网（IoT）技术，实时跟踪商品的库存水平和流转情况。这不仅帮助公司可以确保在需求高峰期有足够的商品供应，也降低了库存管理的成本，提高了整体运营效率。

沃尔玛还关注顾客反馈处理速度，力求提高顾客反馈的响应速度，以提升客户服务质量。通过建立一个高效的反馈管理系统，沃尔玛能够快速收集和分析顾客反馈，确保客户的问题和建议能够得到及时处理。沃尔玛还使用机器学习算法来分析顾客反馈的趋势，从而更有效地识别常见问题并采取相应的改善措施。

为了更好地实现这些目标，沃尔玛通过与各业务部门的沟通与协作，识别出关键的业务指标。这些指标不仅涵盖了运营数据，如销售额、库存周转率和订单处理时间，还包括顾客行为数据，例如购买习惯、偏好和反馈。这种全面的指标体系，使得数据质量管理能够充分支持不同部门的需求，确保各个业务领域都能够在分析数据的基础上做出精准的决策。

通过设定明确的目标与需求，沃尔玛不仅在数据质量管理上奠定了坚实的基础，还为未来的数字化转型和业务创新铺平了道路。这种以数据为驱动的策略将为沃尔玛在零售行业的竞争提供持续的优势，使其能够更好地满足顾客需求、优化运营流程，并提升整体业务绩效。

二、组建数据质量团队

沃尔玛认识到数据质量管理的复杂性和多样性，因此决定成立一个跨部门的数据治理团队，以确保数据质量管理能够覆盖公司的各个业务领域。这一团队的组建不仅是为了优化数据质量，更是为了在整个组织内推广数据治理的理念和实践。团队的组成和功能如下。

1.跨部门的多元化团队

沃尔玛的数据治理团队由来自多个部门的代表组成，包括 IT 部门、供应链管理、市场营销、客户服务、人力资源和财务等。每个部门的代表都带来了其特有的视角和专业知识，使团队能够更全面地理解数据质量管理所面临的挑战和机遇。

IT 部门：负责数据的技术基础设施，确保数据存储和处理的安全性、可靠性和高效性。他们将负责选择合适的数据管理工具，并确保数据在技术层面上得到有效支持。

供应链管理：专注于库存和物流数据的准确性，确保产品信息在整个供应链中一致流通，帮助减少库存短缺和过剩现象。他们能够提供有关物流和库存管理的独特见解，识别潜在的改进区域。

市场营销：负责客户数据的收集和分析，以制定更具针对性的营销策略。他们将帮助团队理解客户行为和市场趋势，以便为数据管理提供实际的应用场景。

客户服务：直接与客户互动，能够提供有关客户反馈和服务质量的数据见解。他们的参与有助于确保数据管理能够满足客户的实际需求，提高客户满意度和忠诚度。

人力资源和财务：提供与员工绩效和财务数据相关的见解，确保数据的准确性和一致性，有助于优化企业整体绩效。

2. 确定角色与责任

在组建数据治理团队后，沃尔玛明确了每个成员的角色与责任。这一机制确保团队内部能够高效协作，各成员能够清晰理解自己的任务和目标。

数据治理主管：负责整个团队的领导和协调，确保各部门之间的沟通顺畅，数据管理策略的制定和实施得以顺利进行。

数据质量分析师：负责数据的审核、监控和分析，识别数据中的潜在问题，并提供改进建议。他们利用数据分析工具，定期评估数据质量指标，确保数据保持高标准。

业务代表：各部门的代表将负责收集和反馈各自领域的数据需求和挑战，确保数据管理策略能够与业务目标相结合，满足实际需求。

培训和支持人员：负责员工的数据治理培训，确保全员了解数据质量的重要性，并能够使用相应的工具和流程来提升数据质量。

3. 促进跨部门合作

数据治理团队的组建不仅加强了不同部门之间的联系，也为跨部门合作提供了平台。团队成员定期举行会议，分享各自的见解和遇到的挑战，以便找到解决方案。例如，市场营销部门可以向供应链管理部门反馈客户对某些产品的需求，从而帮助其更好地调整库存和供应链策略。

此外，沃尔玛还鼓励团队成员之间进行知识共享与经验交流，通过举办工作坊和培训课程，来提升各部门的整体数据管理能力。这种合作文化有助于打破部门壁垒，促进信息的有效流通，使得数据质量管理不仅仅是 IT 部门的责任，而是整个组织共同的使命。

4. 评估和反馈机制

为了确保数据治理团队的工作能够持续改进，沃尔玛建立了一套评估和反馈机制。团队定期评估数据质量管理的成效，分析数据质量指标的变化，并根据反馈调整策略和流程。这种反馈机制不仅能够帮助团队及时发现问题，还能确保数据治理实践始终与业务需求和市场环境保持一致。

在这一机制下，团队会收集各部门对数据质量管理的意见和建议，进行总结和分析，以便不断优化工作流程。这种动态调整的能力确保了沃尔玛的数据质量管理体系能够适应不断变化的市场需求和技术进步，保持持续的竞争优势。

三、数据采集与整合

在当今数据驱动的商业环境中，沃尔玛深知高质量的数据是优化决策和提升客户体验的关键。因此，沃尔玛的数据管理团队致力于整合来自多个不同数据源的信息，形成一个全面的数据生态系统。这一系统不仅支持公司内部的各项决策，还为客户提供个性化的购物体验。

1. 多元化的数据源

沃尔玛的数据整合工作涵盖了以下多个关键领域。

线下门店的销售数据：沃尔玛在全球拥有数千家门店，销售数据的收集至关重要。通过 POS 系统，沃尔玛能够实时记录每一笔交易，包括商品种类、销售数量和顾客的支付方式等。这些数据可帮助公司分析销售趋势、库存管理和顾客偏好，为产品调整和市场营销策略提供支持。

顾客交易记录：每位顾客的交易记录都是宝贵的数据资源。通过分析这些记录，沃尔玛能够更好地了解顾客的购物习惯、消费水平和品牌忠诚度。这些信息不仅用于个性化推荐，还能帮助沃尔玛制定更有针对性的促销活动。

在线商城的顾客行为数据：随着电子商务的快速发展，沃尔玛在线商城的用户行为数据变得日益重要。通过分析顾客在网站上的浏览记录、点击行为和购买路径，沃尔玛能够优化网站布局、提高用户体验，并有效提升转化率。

移动应用的实时交易数据和顾客反馈：沃尔玛的移动应用为顾客提供了便捷的购物体验。通过实时交易数据，沃尔玛可以监控应用的使用情况和顾客的反馈信息，及时了解顾客需求的变化。这种反馈机制使沃尔玛能够快速响应市场动态，提升客户满意度。

第三方合作伙伴的市场调研和供应链数据：沃尔玛与多个供应链合作伙伴保持紧密联系，整合来自这些合作伙伴的市场调研数据，能够帮助沃尔玛更好地把握行业趋势和竞争态势。此外，供应链数据的整合也帮助沃尔玛优化库存管理、提升物流效率。

2. 创建数据湖

为了应对各类数据源的整合挑战，沃尔玛建立了一个数据湖（Data Lake），这是一个集中存储结构化和非结构化数据的系统。数据湖的设计使得沃尔玛能够灵活应对不同的数据分析需求，它具备以下几种优势。

灵活的数据存储：数据湖允许以原始格式存储各种类型的数据，无论是结构化的数据库记录，还是非结构化的文本、图像和视频文件。这样的灵活性意味着沃尔玛可以存储大量不同类型的数据，从而为未来的数据分析和挖掘提供支持。

支持实时分析：数据湖能够实时处理和分析数据，帮助沃尔玛迅速响应市场变化。例如，实时分析顾客在移动应用中的行为数据，能够使沃尔玛及时调整促销策略，增强客户参与感和满意度。

挖掘潜在业务机会：通过对数据湖中的海量数据进行深度分析，沃尔玛能够发现潜在的商业机会。例如，通过分析顾客反馈和交易数据，沃尔玛能够识别出新产品的市场需求和流行趋势，从而及时调整产品线。

强化数据驱动决策：数据湖的建立使得沃尔玛能够利用数据驱动的方式进行决策。通过综合分析各类数据，沃尔玛能够在供应链优化、产品开发和市场营销等方面做出更为科学和精准的决策。

3. 数据整合的挑战与解决方案

尽管数据湖为沃尔玛提供了许多便利，但在数据整合过程中也面临着一系列挑战。例如，来自不同数据源的数据格式可能存在差异，数据质量也可能参差不齐。为了应对这些挑战，沃尔玛采取了以下措施。

标准化数据格式：沃尔玛建立了统一的数据标准，以确保不同来源的数据能够被有效整合。通过数据标准化，沃尔玛能够确保数据的一致性和可比性，为后续的分析打下基础。

进行数据清洗与治理：数据治理团队定期对数据进行清洗和审查，以识别和纠正数据中的错误和不一致。这一过程不仅提升了数据质量，也为数据分析提供了可靠的基础。

使用先进的分析工具：沃尔玛投资于最新的数据分析工具和技术，以提高数据处理的效率和准确性。这些工具不仅支持复杂的数据分析，还能够实时生成报告和可视化图表，帮助决策者快速理解数据背后的信息。

4. 促进数据驱动文化

沃尔玛在数据采集与整合的过程中，努力在企业内部推广数据驱动文化。通过定期举办培训和分享会，沃尔玛鼓励员工在日常工作中利用数据做出决策，提升整个组织的数据素养。这种文化的培育，不仅增强了员工对数据的重视，也推动了整个公司的创新和发展。

四、数据清洗

数据清洗是沃尔玛数据管理流程中的关键环节，旨在确保数据的准确性和可靠性，以支持后续的数据分析和决策过程。沃尔玛利用先进的技术和系统，实施了一系列有效的措施来处理数据中的重复记录、错误和缺失值，从而提升整体数据质量。

1. 自动化清洗流程

沃尔玛采用高级数据清洗工具和算法，实现了数据清洗流程的自动化。这一措施具有以下优势。

提高效率：自动化清洗工具能够迅速扫描大量数据，识别并删除重复记录、纠正错误和填补缺失值，极大地减少了手动处理所需的时间和人力资源。这使得沃尔玛可以在更短的时间内完成数据清洗，提高了工作效率。

提升准确性：自动化工具通过设定的规则和算法，对数据进行系统化检查和修正。这种方法减少了人工干预带来的主观误差，确保数据清洗的准确性和一致性。同时，机器学习算法的应用可以帮助工具在处理复杂数据时更加灵活，及时适应数据变化。

实时数据清洗：通过实时监控数据输入，沃尔玛可以在数据生成的同时进行清洗，确保进入系统的数据始终保持高质量。这种实时处理的能力使沃尔玛能够迅速响应市场需求和业务变化。

2. 数据输入标准化

为了确保数据在采集阶段的质量，沃尔玛在数据输入时建立了统一的标准。具体包括以下几种措施。

定义数据格式：沃尔玛制定了详细的数据输入规范，包括字段名称、数据类型、格式要求等。这些标准化的定义帮助不同部门和系统在数据输入时保持一致性，降低了由于格式不统一造成的错误风险。

培训员工：沃尔玛定期为员工提供数据输入标准化培训，强调高质量数据对公司决策的重要性。通过增强员工的意识和技能，沃尔玛确保每位员工在数据输入过程中都能够遵循既定的标准，从源头上减少数据错误的产生。

使用数据验证工具：在数据输入过程中，沃尔玛还应用了数据验证工具，对输入数据进行实时检查。这些工具可以立即识别不符合标准的数据，及时提示用户进行修正，进一步提高数据质量。

建立反馈机制：沃尔玛鼓励各部门之间建立沟通与反馈机制，及时分享数据输入中遇到的问题和挑战。这种协作不仅促进了数据质量的提升，也增强了各部门之间的理解与合作。

3. 处理重复记录

沃尔玛针对重复记录问题，采取了一系列具体措施。

识别和合并重复数据：通过使用唯一标识符（如SKU、客户ID等），沃尔玛能够有效识别出重复记录。自动化清洗工具能够根据设定规则，将这些重复记录合并，确保每个实体在系统中只有一个准确的记录。

实施数据去重策略：沃尔玛制定了明确的数据去重策略，定期审查和清理数据库中的重复数据。这不仅提升了数据库的整体性能，也确保了在数据分析时的准确性。

4. 处理缺失值

缺失值的处理是数据清洗中不可忽视的一部分，沃尔玛通过以下措施进行有效管理。

插补数据：对于缺失值，沃尔玛利用统计方法和机器学习算法进行数据插补，根据已有数据推测缺失值的合理范围。这种方法确保了数据的完整性，避免因缺失值导致分析结果的偏差。

记录缺失值：沃尔玛在数据清洗过程中，系统会自动记录缺失值的来源和类型。这样的记录不仅有助于后续分析，还能够为改进数据采集过程提供参考依据。

5. 持续监控与优化

数据清洗并不是一次性工作，沃尔玛建立了持续监控机制。

定期数据审查：沃尔玛定期对清洗后的数据进行审查和评估，确保数据在使用过程中始终保持高质量。审查结果会作为优化清洗流程的重要依据。

反馈与调整：沃尔玛鼓励各个业务部门对数据质量提出反馈，及时调整数据清洗策略和工具。通过不断优化流程，沃尔玛能够适应业务变化，提高数据管理的灵活性。

五、监控与评估

在当今竞争激烈的零售环境中，沃尔玛深知数据质量对业务成功的重要性。因此，沃尔玛建立了一套全面的监控与评估机制，以确保数据质量始终处于高水平。这一机制不仅包含实时数据监控，还涵盖了定期审计和整改措施，旨在确保数据的准确性、完整性和及时性。

1. 实时监控系统

沃尔玛通过先进的仪表盘系统，实时跟踪关键数据质量指标，如库存准确性、销售数据的及时性和客户信息的完整性。具体来说，这一系统具备以下特点。

关键指标的设定：沃尔玛根据业务需求和目标，定义了一系列关键绩效指标（KPI），如库存周转率、订单处理时间、销售预测准确性等。这些指标直接反映了数据质量对业务运营的影响。

实时数据更新：仪表盘系统集成了多种数据源，能够实时更新各项指标。这种即时性使得管理人员能够随时获取最新的数据状况，快速做出决策。

异常检测与报警机制：系统设定了异常阈值，一旦某项指标出现异常波动，系统会立即触发警报，通知相关人员处理。例如，如果库存准确性下降到设定的阈值以下，相关部门会迅速进行调查和整改。

2. 定期数据质量审计

除了实时监控，沃尔玛还定期进行数据质量审计，以深入评估数据的可靠性和一致性。审计包括以下流程。

审计计划的制订：沃尔玛制订详细的数据质量审计计划，确定审计的范围、频率和具体方法。这通常包括对销售数据、库存数据、客户数据等进行全面审查。

数据样本抽取：在审计过程中，沃尔玛会从不同的数据集抽取样本，进行深入分析。这种方法不仅可以识别数据质量问题，还能提供有关数据质量的全面视图。

问题识别与记录：审计团队会详细记录发现的数据质量问题，分析其根本原因。这些记录不仅为后续整改提供依据，也有助于发现系统性问题。

3. 整改措施的实施

针对审计中识别出的问题，沃尔玛采取了一系列整改措施，确保数据质量的持续提升。

制订整改计划：针对识别出的问题，审计团队会与相关部门合作，制订具体的整改计划，包括责任分工、时间节点和预期效果等。

持续跟踪与反馈：整改措施实施后，沃尔玛会对其效果进行跟踪评估，确保问题得到有效解决。管理层定期检查整改进展，并及时进行调整，以确保整改措施的有效性。

员工培训与意识提升：为防止数据质量问题的再次发生，沃尔玛还会针对相关员工进行培训，提高他们的数据管理意识和技能，确保每个环节都能严格遵循数据质量标准。

4. 持续改进与优化

沃尔玛将监控与评估视为一个持续改进的过程，通过不断优化数据质量管理流程来提升整体数据质量。

引入新技术：沃尔玛积极引入新技术，如人工智能和机器学习，进一步提升数据监控和审计的效率。这些技术能够自动识别潜在的数据问题，并提供智能建议，辅助决策。

建立反馈机制：通过收集各部门对数据质量管理的反馈，沃尔玛能够及时调整监控和审计策略。这种反馈机制鼓励员工提出建议，促进团队之间的协作与共享。

定期回顾与评估：沃尔玛定期召开数据质量管理评审会议，回顾监控与评估的效果，并讨论改进方案。这些会议不仅促进了跨部门的沟通，也为数据质量管理的长远发展奠定了基础。

六、数据治理政策

在现代零售环境中，数据已成为沃尔玛核心竞争力的关键要素之一。为了确保数据的质量、安全性和合规性，沃尔玛制订并严格执行一套完善的数据治理政策。这些政策涵盖了数据所有权、访问权限控制和使用规则，旨在确保公司能够最大化利用数据价值的同时，防范数据滥用和泄露的风险。沃尔玛的这一数据治理框架为其全球业务的可持续发展和合规经营提供了强有力的支持。

1. 数据所有权与责任

沃尔玛的第一步数据治理措施是明确数据的所有权。数据所有权不仅关乎对数据的使用权利，也涉及对数据质量、隐私保护及安全性的全面责任。为此，沃尔玛在公司内部建立了明确的数据所有权体系。

数据所有者角色：每个数据集都有一个指定的数据所有者，通常是某一部门的高管或数据负责人。数据所有者负责确保数据的准确性、完整性以及合规性，并定期进行数据审计。

责任明确化：通过明确数据所有权，沃尔玛可以确保每个数据集都有责任人负责日常的管理、监控和维护工作。数据所有者还需要确保数据的合理流转、处理和使用，避免数据在使用过程中失真或被滥用。

数据管理流程：沃尔玛还通过建立标准化的数据管理流程，确保数据生命周期中的每一个环节都能追溯到具体的责任人。无论是数据的创建、存储、共享，还是最终的销毁，都由专人负责。

2. 访问权限控制

数据的安全性是沃尔玛数据治理政策中的重中之重。为了保护敏感数据的机密性与完整性，沃尔玛设立了严格的访问权限控制机制。该机制确保只有经过授权的员工和合作伙伴能够访问特定的数据，避免数据滥用或未经授权的泄露。

基于角色的访问控制：沃尔玛实施了基于角色的访问控制（RBAC）系统，按需授予员工不同层级的数据访问权限。例如，财务部门的员工可以访问财务数据，但他们无法访问与库存或客户个人信息相关的敏感数据。通过这样的权限分配，沃尔玛能够确保数据访问权限不被滥用，减少内部安全隐患。

数据分级管理：为了进一步强化数据安全，沃尔玛根据数据的敏感性和重要性，采用了数据分级管理策略。不同级别的数据（如公共数据、内部数据、敏感数据和机密数据）会被分配不同的访问权限，确保高风险数据受到更严格的保护。

定期审查与调整：为了防止因职位变动或离职造成权限滥用，沃尔玛定期进行访问权限的审查和调整。任何员工的职位变化、离职或角色调整都会触发系统自动调整其数据访问权限，确保只有相关人员可以访问对应的数据。

数据加密与隐私保护：沃尔玛在数据存储和传输过程中采用了先进的加密技术，确保敏感数据在任何情况下都能得到保护。此外，沃尔玛还遵守国际和地区性的隐私法规，确保客户和员工数据的隐私得到充分保护。

3. 数据使用规则

为了确保数据的合法合规使用，沃尔玛制定了一套详细的数据使用规则，规范数据的获取、存储、处理、共享和销毁等各个环节。沃尔玛的数据使用规则涵盖了以下几个方面。

合规性要求：所有的数据使用都必须遵循当地和国际的数据隐私保护法律法规，确保沃尔玛在全球运营中不会因为数据处理不当而面临法律诉讼或处罚。例如，沃尔玛会遵守 GDPR（欧盟通用数据保护条例）和 CCPA（加利福尼亚消费者隐私法案）等法规，保障客户数据的合法性和安全性。

数据共享规范：对于跨部门或跨公司间的数据共享，沃尔玛设定了明确的审批流程和合规要求。所有共享的数据必须经过严格的审查和验证，确保其不会泄露敏感信息，并且不违反任何隐私协议。此外，数据共享时还需明确数据使用目的、责任人以及使用期限等细节。

数据处理与清理：沃尔玛建立了数据清理和删除流程，确保不再需要的数据及时被清除或销毁。对于过时或不再使用的数据，沃尔玛会按照数据保护法要求进行销毁，防止这些数据在未来遭到滥用或泄露。

员工行为规范：沃尔玛通过内部培训和定期的安全审查，确保员工理解并遵守数据使用的各项规定。公司定期对员工进行数据保护和合规性教育，以提升数据治理意识，确保每个员工都能遵守数据使用的规则，避免因个人操作不当而造成的风险。

4. 持续改进与创新

沃尔玛的数据治理政策并非一成不变，而是随着业务需求、技术进步和合规要求的变化进行不断优化和完善。

技术创新支持：沃尔玛不断引入新的技术来支持数据治理，如人工智能和区块链技术等，以提升数据治理的效率与透明度。人工智能能够帮助公司进行自动化数据质量检查，区块链技术则有助于确保数据交易和共享的透明性与安全性。

定期政策评审：沃尔玛定期对数据治理政策进行评审，确保其始终符合最新的法律法规和行业标准。同时，公司还会根据内部反馈和外部变化，对政策进行必要的调整和改进。

跨部门协作与沟通：沃尔玛鼓励各部门之间的协作，确保数据治理政策能够得到全面执行。公司设立了专门的数据治理委员会，定期组织跨部门会议，评估数据治理实施情况，并讨论改进方案。

七、培训与文化建设

沃尔玛在数据治理方面的成功不仅依赖于完善的政策和技术支持，还深深植根于公司文化和员工意识的提升。为此，沃尔玛为员工提供了系统的培训，帮助他们理解数据质量管理的重要性，并通过多种途径推动文化建设，确保每位员工都能积极参与到数据治理中来。

1. 系统化的培训计划

沃尔玛建立了一套全面的培训体系，旨在帮助员工掌握数据质量管理的基本概念、方法和工具。该培训计划包括以下几个方面。

入职培训：新员工入职时，都会接受关于数据治理和数据质量管理的基础培训。这一培训内容涵盖了沃尔玛的数据治理政策、数据质量的重要性以及相关工具的使用，帮助新员工尽快融入公司的数据文化。

定期进修课程：为确保员工能够与时俱进，沃尔玛定期推出进修课程，针对数据质量管理的新技术和新方法进行深入讲解。这些课程由公司内外部的专家授课，内容涵盖数据清理、数据分析工具的使用、数据隐私保护等，帮助员工提升技能和知识水平。

在线学习平台：沃尔玛利用在线学习平台，提供多样化的学习资源，包括视频课程、电子书和案例分析等。员工可以根据自己的兴趣和工作需要，自主选择学习内容，随时随地提升自己的数据治理能力。

2.分享成功案例

为增强员工对数据质量管理的认同感，沃尔玛定期在内部通信和员工大会上分享数据质量管理的成功案例。这种做法不仅有效提升了员工对数据质量的重视，还激励他们在日常工作中积极践行数据治理原则。

内部通信：沃尔玛的内部通信平台定期发布与数据质量管理相关的成功故事，分享不同部门在数据治理方面的最佳实践。这些案例展示了数据治理如何直接影响业务决策、客户满意度以及公司整体业绩，从而让员工更加意识到自己在数据治理中的重要角色。

员工大会：在公司定期召开的员工大会上，沃尔玛邀请各部门负责人分享他们在数据质量管理方面的经验和成功案例。通过面对面的交流，员工能够更深入地理解数据治理的实际意义，并从他人的成功中汲取灵感和经验，激励自己在日常工作中提升数据质量。

3.多样化的文化活动

沃尔玛还通过多种文化活动和宣传，提升全员对数据治理的参与意识，营造出积极向上的数据治理文化。

数据治理主题活动：沃尔玛会定期组织以数据治理为主题的活动，如数据质量竞赛、数据治理日等。通过这些活动，员工能够更直接地参与到数据治理中，增强对数据质量的关注与重视。

知识分享会：公司鼓励各部门定期举办知识分享会，员工可以分享自己在数据治理方面的见解、经验和技巧。这种跨部门的交流不仅能提高员工的参与感，还能够促进知识的传播和共享，形成良好的学习氛围。

激励机制：为鼓励员工积极参与数据治理，沃尔玛设立了数据治理激励机制。表现优秀的员工将获得认可和奖励，这不仅提升了员工的积极性，也在公司内部形成了重视数据质量的良好氛围。

4.跨部门协作与反馈机制

沃尔玛鼓励不同部门之间的协作与沟通，以形成合力推动数据治理文化的建设。

跨部门小组：沃尔玛设立了专门的跨部门小组，负责推进数据治理文化建设。小组成员来自不同业务部门，代表了各自的利益和观点，确保文化建设的广泛性和包容性。

反馈机制：公司建立了有效的反馈机制，定期收集员工对数据治理培训和活动的意见和建议。这些反馈将被纳入后续的培训与活动设计中，以确保培训内容和活动形式能够满足员工的需求，提高员工参与度和效果。

沃尔玛通过数据质量管理体系的实施，取得了显著成效。例如：数据准确性提升，库存准确性提高了20%，有效减少了缺货和过剩库存情况，节省了成本；决策效率提高，高质量的数据支持更精准的业务分析，决策时间缩短了25%，使企业能够迅速适应市场变化；顾客满意度提升，个性化推荐和促销活动的有效性得以提高，顾客满意度上升了15%，促进了顾客忠诚度和复购率。

第八章

数据安全体系

数据安全管理是为了确保数据隐私和机密性得到维护，数据不被破坏，数据被适当访问。我们可以通过采用各种技术和管理措施，保证数据的机密性、完整性和可用性。

数据安全体系框架通过三个维度构建而成，包括政策法规、技术层面和安全组织人员。数据安全治理体系框架在符合政策法规及标准规范的同时，需要在技术上实现对数据的实时监管，并配合经过规范培训的安全组织人员，构成了数据安全治理整体架构的建设。

数据安全治理能力建设并非单一产品或平台的构建，而是建设一个覆盖数据全部生命周期和使用场景的数据安全体系，需要从决策到技术，从制度到工具，从组织架构到安全技术通盘考虑。

第一节　全国性法律法规

▼

我国目前已形成以《网络安全法》《数据安全法》《个人信息保护法》三部法律为核心的法律架构，并分别从数据所承载系统的安全保障、数据本身的安全保护以及个人信息的安全保护的层面构建较为完整的数据安全保护体系。2022 年以来，为推进《数据安全法》《个人信息保护法》的深入贯彻实施，国家、地方及各行业监管部门密集出台了围绕数据安全与个人信息保护的一系列合规政策与办法，持续建立、健全覆盖建设、认证、评估、审计等数据安全合规监管体系与技术标准，为组织开展数据安全治理建设给出了细化的要求和指引。通过对数据安全相关法律、法规及标准的解读，帮助组织了解和梳理相关政策和标准内涵，保障数据安全治理过程中的有法可依，有章可循。

一、《网络安全法》保障网络与信息安全

我国于 2016 年颁布并于 2017 年施行的《网络安全法》是我国网络安全管理方面的第一部基础性立法，旨在应对我国网络安全领域的严峻形势，以制度建设加强网络空间治理，规范网络信息传播秩序，惩治网络违法犯罪。《网络安全法》全面规定网络与信息安全治理的基本规则，以网络运营者及关键信息基础设施运营者为主要规制对象，明确相关主体在网络运行安全、网络信息安全、监测预警与应急处置等方面的义务。

近年来，各机构因网络安全防护能力薄弱进而导致的网络攻击、网络安全事件层出不穷，数据泄露及毁损危机凸显，由于网络安全的一大

重要内容即是保障网络数据的完整性、保密性、可用性的能力，因此《网络安全法》对于构建数据安全保障体系有着重要的意义。具体而言，《网络安全法》通过规定下述措施，以强化数据安全保障。

1. 保障网络运行安全

《网络安全法》第二十一条构建了网络安全等级保护制度，在保障网络系统安全的组织架构及管理体系上，《网络安全法》要求制定内部安全管理制度和操作规程，确定网络安全负责人，落实网络安全保护责任。

在保障网络系统安全的技术体系上，《网络安全法》要求采取的措施包括：防范计算机病毒和网络攻击、网络侵入等危害网络安全行为的技术措施；采取监测、记录网络运行状态、网络安全事件的技术措施，并按照规定留存相关的网络日志不少于六个月；采取数据分类、重要数据备份和加密。

针对关键信息基础设施的运营者，《网络安全法》在第三章第二节中规定了更多的安全保护义务。而且，《网络安全法》第三十七条强化对关键信息基础设施运营者数据跨境传输的监管，提出数据本地化存储及跨境传输安全评估的要求，明确"关键信息基础设施的运营者在中华人民共和国境内运营中收集和产生的个人信息和重要数据应当在境内存储。因业务需要，确需向境外提供的，应当按照国家网信部门会同国务院有关部门制定的办法进行安全评估；法律、行政法规另有规定的，依照其规定"。

2. 保障网络用户信息安全

在保障网络数据安全的总体要求上：《网络安全法》第十条提出保障网络数据完整性、保密性和可用性的要求；第十八条强调了数据利用与数据安全之间的平衡，鼓励开发网络数据安全保护和利用技术。

在保障网络用户信息安全的管理体系上，《网络安全法》第四十条要求建立健全用户信息保护制度。

在保障网络用户信息安全的技术措施上，《网络安全法》第四十、四十二条重点要求对其收集的用户信息严格保密；采取技术措施和其他必要措施，确保其收集的个人信息安全，防止信息泄露、毁损、丢失。

同时，《网络安全法》第四十七条加强对其用户发布的信息的管理，发现法律、行政法规禁止发布或者传输的信息的，应当立即停止传输该信息，采取消除等处置措施，防止信息扩散，保存有关记录，并向有关主管部门报告。

二、《数据安全法》构建数据安全治理框架

由于数据安全已成为事关国家安全与经济社会发展的重大问题，为了有效应对数据这一非传统领域的国家安全风险与挑战，切实加强数据安全保护，维护公民、组织的合法权益，并发挥数据的基础资源作用和创新引擎作用，推进政务数据资源开放和开发利用，2021 年我国颁布并实施《数据安全法》。《数据安全法》作为数据安全领域的基础性法律，重点确立数据安全保护管理各项基本制度，构建起数据安全治理的框架，强调数据开发利用与保障数据安全并重的思路，将个人、企业和公共机构的数据安全纳入保障体系，确立了对数据领域的全方位监管。

1. 构建数据安全制度体系

由于不同维度的数据的价值不一，而且对国家利益、社会利益、个人利益有着不同程度的影响，数据安全治理首先需要实施数据的分类分级保护，以避免因重要数据泄露、损毁带来影响国家安全、社会安全的严重后果。

鉴于此，《数据安全法》第二十一条确立了以数据分类分级为核心的安全制度，根据数据在经济社会发展中的重要程度，以及一旦遭到篡改、破坏、泄露或者非法获取、非法利用，对国家安全、公共利益或者个人、组织合法权益造成的危害程度，对数据实行分类分级保护。同时，《数据安全法》第二十二条要求建立相应的数据安全风险评估、报告、信息共享、监测预警机制及数据安全应急处置机制等。对于开展数据处理活动的主体，可以以数据分类分级为基础，形成组织、管理、技

术体系相融合的数据安全治理体系。

2. 实施全生命周期的数据安全保护

《数据安全法》第四章紧盯数据泄露、数据漏洞以及非法使用数据的风险，从数据处理的全生命周期提出合规要求，包括：开展数据处理活动应当建立健全全流程数据安全管理制度；采取相应的技术措施和其他必要措施，保障数据安全；加强风险监测，发现数据安全缺陷、漏洞等风险时，应当立即采取补救措施；不得窃取或者以其他非法方式获取数据等。为了实现数据生命周期安全保护的要求，开展数据处理活动可采取集中策略管控能力与单点防护能力结合的防控措施，统一部署防护策略，在数据收集、存储、使用、加工、传输、提供、公开等数据处理活动中采取相适应的防护技术和功能。

三、《个人信息保护法》保障个人信息权益

相较于一般数据，个人信息因对个人权益的影响需要进行专门的保护。为了解决一些企业、机构甚至个人，从商业利益等出发，随意收集、违法获取、过度使用、非法买卖个人信息，利用个人信息侵扰人民群众生活安宁、危害人民群众生命健康和财产安全等问题，在保障个人信息权益的基础上，促进信息数据依法合理有效利用，2021 年颁布并施行的《个人信息保护法》是我国首部关于保护个人信息的专门性法律。这部法律以数据中的"个人信息"为主要规范对象，划定个人信息全生命周期处理的安全保护规则，以保护个人信息权益、促进个人信息合理利用。

四、《关键信息基础设施安全保护条例》实施关基重点保护

1. 重点防范关键信息基础设施风险

我国秉承"抓重点、保关键"的立法思路，2017 年 6 月 1 日生效的《网络安全法》第三十一条以列举的方式引入了关键信息基础设施的概念，列举了公共通信和信息服务、能源、交通、水利、金融、公共服

务、电子政务 7 个重要行业和领域，并规定关键信息基础设施的具体范围和安全保护办法由国务院制定。

为配合《网络安全法》第三十一条的实施，2021 年 9 月 1 日生效的《关键信息基础设施安全保护条例》第二章专门规定了关键信息基础设施的认定程序，规定公共通信和信息服务、能源、交通、水利、金融、公共服务、电子政务、国防科技工业等重要行业和领域的主管部门、监督管理部门是负责关键信息基础设施安全保护工作的部门。保护工作部门制定关键信息基础设施认定规则，并根据该认定规则组织认定本行业、本领域的关键信息基础设施，及时将认定结果通知运营者，并通报国务院公安部门。通过制定《关键信息基础设施安全保护条例》，我国实施对关键信息基础设施的重点保护。

2. 重点强调对数据安全的保护

《网络安全法》《数据安全法》《关键信息基础设施安全保护条例》均对涉及关键信息基础设施的数据进行特别保护。《网络安全法》第三十七条强调关键信息基础设施运营者在中国境内收集个人信息和重要数据本地化存储及跨境数据传输安全评估的义务。《数据安全法》第三十一条也提出关键信息基础设施的运营者在中国境内运营中收集和产生的重要数据的出境安全管理适用于《网络安全法》的规定。

《关键信息基础设施安全保护条例》进一步强调：对数据安全的保障，包括关键信息基础设施运营者应维护数据的完整性、保密性和可用性；履行个人信息和数据安全保护责任，建立健全个人信息和数据安全保护制度；发生重要数据泄露、较大规模个人信息泄露等情形时，保护工作部门及时向国家网信部门、国务院公安部门报告的义务等。

《关键信息基础设施安全保护条例》明确规定了责任的落实，第十三条规定："运营者应当建立健全网络安全保护制度和责任制，保障人力、财力、物力投入。运营者的主要负责人对关键信息基础设施安全保护负总责，领导关键信息基础设施安全保护和重大网络安全事件处置工作，组织研究解决重大网络安全问题。"

用法令规定"主要负责人负总责",实行一把手负责制,在网安领域是第一次。

同时,为了进一步发现安全风险,《关键信息基础设施安全保护条例》第十七条也要求运营者应当自行或者委托网络安全服务机构对关键信息基础设施每年至少进行一次网络安全检测和风险评估,对发现的安全问题及时整改,并按照保护工作部门要求报送情况。

五、《网络数据安全管理条例(征求意见稿)》细化数据安全治理规则

2021年国家互联网信息办公室代国务院颁布《网络数据安全管理条例(征求意见稿)》,对《网络安全法》《数据安全法》《个人信息保护法》的规则予以进一步细化,推动上述法律的进一步落地。

《网络数据安全管理条例(征求意见稿)》规定了数据安全的一般规则、个人信息保护、重要数据安全、数据跨境安全管理、互联网平台运营者义务等的重要内容。具体而言,包括以下五条:第一,要求数据处理者应当采取备份、加密、访问控制等必要措施,保障数据免遭泄露、窃取、篡改、毁损、丢失、非法使用,应对数据安全事件,防范针对和利用数据的违法犯罪活动,维护数据的完整性、保密性、可用性;按照网络安全等级保护的要求,加强数据处理系统、数据传输网络、数据存储环境等安全防护;第二,细化取得个人同意的合规要求、个人信息处理规则等内容;第三,重要数据安全,进一步明确数据安全管理机构的具体职责,并要求数据处理者履行制订数据安全培训计划、优先采购安全可信的网络产品和服务等义务;第四,数据跨境安全管理,要求建立健全数据跨境安全相关技术和管理措施;第五,要求互联网平台运营者对接入其平台的第三方产品和服务承担数据安全管理责任,利用人工智能、虚拟现实、深度合成等新技术开展数据处理活动,按照国家有关规定进行安全评估。

第二节　地方性法规

　　我国各地方同样在不断探索数据安全治理的规则及模式，已出台的《深圳经济特区数据条例》《上海市数据条例》《浙江省公共数据条例》《贵州省大数据安全保障条例》等均在不断深化我国的数据安全治理模式，提出了一些数据安全治理的新措施。

一、创新数据安全治理新模式

　　《深圳经济特区数据条例》涵盖了个人数据、公共数据、数据要素市场、数据安全等方面，可以认为是国内数据领域首部基础性、综合性立法。在个人数据部分，《深圳经济特区数据条例》明确规定自然人对其个人数据享有人格权益，细化个人信息处理、告知与同意、个人信息权利等的具体规则；在数据安全部分，《深圳经济特区数据条例》明确数据处理全流程记录、数据存储进行分域分级管理、重要系统和核心数据的容灾备份、建立数据销毁规程等的要求。

　　《上海市数据条例》涉及数据权益保障、公共数据、数据要素市场、数据资源开发和应用、浦东新区数据改革、长三角区域数据合作等重点内容，强调数据资源的开发与利用，以及数据资源的合作，并通过明确数据安全责任制、开展数据处理活动所应履行的义务、健全数据分类分级保护制度等保障数据安全。

　　此外，其他一些省市地区也制定了数据发展与安全促进相关的法律类文件。典型的包括《天津市促进大数据发展应用条例》《贵阳市大数据安全管理条例》《重庆市数据条例》《苏州市数据条例》等。

二、提供公共数据治理的模式借鉴

　　上述地方性法规也突出对公共数据处理的保护，明确公共数据共享、利用的规则。这也为相关政务大数据共享、政务数据安全检测及敏感数据防泄露等提供有益的指导。

《深圳经济特区数据条例》明确对公共数据进行分类管理，实行公共数据目录管理制度，推动公共数据的共享。以共享为原则，以不共享为例外，并构建公共数据共享、公共数据开放、公共数据利用的治理体系。《上海市数据条例》同样建立了公共数据共享和开放的机制，也特别规定了公共数据授权运营的模式，提高公共数据社会化开发利用水平。《浙江省公共数据条例》全面规定公共数据平台、公共数据收集与归集、公共数据共享、公共数据开放与利用、公共数据安全等的内容，促进公共数据应用创新，保护自然人、法人和非法人组织合法权益，保障数字化改革。

此外，《广东省首席数据官制度试点工作方案》提出的政府首席数据官和部门首席数据官也体现出地方在公共数据资源开发利用上的积极尝试与探索。

第三节　数据全生命周期安全

数据的生命周期包括数据采集、存储、处理、使用、共享到最终销毁，在其生命周期的每个阶段都面临着不同的安全威胁，每个环节都需要严密的安全防护措施。目前，数据信息泄露主要集中在有一定技术壁垒或需要创新的行业，不法分子或竞争对手，通过雇用商业间谍或雇用黑客入侵等手段窃取或者破坏商业秘密。

一、数据采集安全

采集数据应坚持"合法、正当、必要"原则，明确采集和处理的目的、方式、范围、规则。数据采集安全主要是保障采集过程的数据完整性和数据来源可追溯，不得超范围采集数据。个人数据采集应按照"明确告知、授权同意"的原则实施，并建立保障个人知情权、决定权，采集敏感个人信息应遵循最小必要原则，业务停止后相关采集活动应立即停止。

1. 来源鉴别与标记

数据收集源头的安全是数据价值利用的先决条件，在采集外部相关方数据的过程中，应对数据提供方的身份进行有效验证，需明确采集数据的目的和用途，确保数据源的真实性、有效性和最少够用等原则要求，并规范数据采集的渠道、数据的格式以及相关的流程和方式，并标记采集数据的来源，从而保证数据采集的合规性、正当性和执行上的一致性，符合相关法律法规要求。

2. 完整性校验

采取完整性校验算法对数据采集进行校验，防止数据在采集过程中被篡改和破坏，保障数据采集的完整性，应对数据收集设备进行持续的身份认证，对数据质量的一致性、完整性、准确性等属性进行监控和管理。

3. 隐私政策保护

个人信息处理者在采集个人敏感信息前，应在满足 GB/T 35273 中 5.1、5.2、5.3 和 GB/T 41391 收集的要求基础上，按照最小必要原则明确收集个人敏感信息范围，收集的个人敏感信息应限于实现处理目的所必要的最小范围；应采取对个人权益影响最小的方式收集敏感个人信息；应仅在用户使用业务功能期间，收集该业务功能所需的敏感个人信息；如有法律明确规定或经公司内部评估确有必要收集敏感个人信息的，需在通过个人信息保护影响评估之后方可执行；收集个人敏感信息应按照业务核心功能或主要服务，进行分项收集。

4. 过度采集监测

针对组织数据和个人信息采集，检验其符合最小必要原则，判断其对组织数据和个人信息的主体合法权益造成损害的各种风险，对采集数量进行监测，对过度采集的行为及时告警。

二、数据传输安全

应明确数据传输相关安全管控措施，如：传输通道加密、数据内容加密、数据接口传输安全、数据传输终端身份鉴别等。对数据传输两端进行身份鉴别，确保传输双方可信任。采用校验技术保证数据在传输过程中的完整性，同时通过备份确保传输网络可用。

1.传输安全通道

组织内外部在传输数据前，应评估传输通道的安全性，比如：从数据传输加密、传输完整性保护、网络可用性等方面进行评估，发现可能存在的数据传输安全风险和违法违规问题，根据数据分类分级传输管理规定和已有数据安全防护措施部署，设计相应的数据传输策略，选择传输安全通道。

2.传输内容加密

根据法律法规、商业合同中的要求和业务性能的需求，明确组织机构内需要加密传输的数据范围和国家认可的加密算法，综合实现效果和成本，采取固定的数据加密模块，根据不同数据类型和级别进行数据加密处理，并定期审核并调整数据加密算法或根密钥。

3.完整性校验

采取完整性校验算法对数据传输的发送和接收进行校验，保护数据传输的完整性，发现数据在传输过程中被篡改和破坏了，要有执行恢复控制的技术能力。

4.传输鉴别

双向传输数据要对传输通道两端进行主体的身份鉴别和认证，部署独立的公钥 / 私钥对和数字证书，以保证各节点有效的身份认证。

5.传输网络可用性

通过网络基础链路、关键网络设备的备份建设，实现网络的高可用性，从而保证数据传输过程的稳定性。

三、数据存储安全

明确数据存储相关安全管控措施，针对不同类别级别的数据采取差异化安全存储保护措施，如加密、访问控制等。针对存储介质提供有效的技术和管理手段，防止对介质的不当使用而引发的数据泄露风险。明确数据备份与恢复安全策略，建立数据备份恢复操作规程，保障数据的可用性和完整性。

1. 数据存储加密

存储作为 IT 数据基础设施的底座，对保障数据安全可靠尤为重要。数据库加密技术保障结构化数据存储安全，将明文数据经过加密钥匙（加密密钥）及加密函数转换，变成无意义的密文数据；以后需要获取数据内蕴含的信息时，要先将该密文数据经过解密函数、解密钥匙（解密密钥）处理，恢复成原来的明文数据，然后才能对数据及其内的信息加以使用。

2. 存储介质安全

基于组织机构的数据分类分级要求以及介质使用的要求，采取有效的介质净化工具对存储介质进行净化处理，对介质访问和使用行为进行记录和审计。

3. 数据备份与恢复管理

明确数据备份与恢复的策略和操作规程，建立用于数据备份、恢复的统一技术，并将具体备份的策略固化，保证相关工作的自动化执行。建立备份数据的安全管理技术手段，对备份数据的访问控制、压缩或加密管理、完整性和可用性管理。

四、数据使用安全

通过用户身份鉴别、数据访问控制、数据展示屏蔽、去标识化 / 匿名化、数据脱敏等技术手段，保障数据使用安全。第一，用户身份鉴别，通过用户身份鉴别识别数据的使用是否得到数据所有者的授权，使用流程是否合规。第二，数据访问控制，数据在使用中发挥价值，但数据在使用过程中的流动性特征，极易导致数据泄露事件的发生。在数据使用阶段，应从数据内容识别和数据细粒度访问控制两个方面实施数据安全防护措施，对应用访问数据库的访问控制进行细粒度访问控制。第三，数据展示屏蔽，在数据访问者读取数据的过程中，在应用系统开发的时候，加上数据屏蔽的代码，对敏感数据展示进行遮蔽。第四，去标识化/匿名化，个人信息处理者对个人敏感信息进行展示的时候，应对需展示的个人敏感信息采取去标识化处理等措施，降低个人敏感信息在展示环节的泄露风险，对于通过匿名化处理的个人敏感信息，应定期评估匿名化处理效果，确保个人信息在当前技术条件下不具备还原能力。第五，数据脱敏，分为静态脱敏和动态脱敏。静态脱敏是在生产数据用于测试环节时，要对其中的敏感数据进行脱敏，避免数据泄露。静态脱敏通常会涉及对较大数量的数据进行批量化的处理：静态脱敏系统首先从数据的原始存储环境（通常为生产环境）读入含有敏感信息的数据，然后在非持久化存储条件（系统内存）下按照脱敏策略、规则和算法对数据进行变形等脱敏处理，再将经过处理后的脱敏数据存储到新的目标存储环境中。

五、数据加工安全

开展数据清洗转换、汇聚融合、分析挖掘等数据加工活动时，应采用匿名化等措施保护数据主体权益。数据汇聚融合衍生敏感级及以上数据，或导致数据安全级别变化的，应及时评估，调整安全保护措施。通过算法模型安全、加工过程监控、衍生数据分级标记保障数据加工安全。其一，算法模型安全指的是采用多种技术手段相结合以降低数据加工过程中算法模型安全风险，比如基于机器学习的重要数据自动识别、数据安全分析算法设计、推荐歧视等。其二，加工过程监控指的是掌握数据安全防护措施部署情况，监控数据加工过程，发现可能存在的数据加工安全风险和违法违规问题。其三，衍生数据分级标记指的是应对汇聚融合后产生的衍生数据重新开展数据安全定级工作，根据敏感程度打上分级标记，并采用相应级别的安全保护措施。

六、数据删除和销毁安全

应按照国家、行业有关规定及与数据主体的约定进行数据删除或匿名化处理，制定数据销毁管理制度。对存储数据的介质或物理设备采取无法恢复的方式进行数据销毁与删除，明确数据销毁效果评估机制，验证数据删除结果。

1. 超限存储匿名化

敏感数据和个人敏感信息存储环境应具备时效性管理能力，应提供过期存储及其备份彻底删除方法和工具，能够验证个人信息已被删除或匿名化处理。

2. 数据擦除

利用数据覆盖等软件方法可进行数据销毁或者数据擦除。数据擦除中的数据软销毁通常采用数据覆写法。数据覆写是将非保密数据写入以前存有敏感数据的硬盘簇的过程。使用预先定义的无意义、无规律的信息反复多次覆盖硬盘上原先存储的数据，就无法知道原先的数据是"1"还是"0"，也就达到了硬盘数据擦除的目的。

3. 物理销毁

当涉及敏感数据和个人信息的存储介质销毁时，应采取专业的存储介质物理销毁设备进行物理销毁。硬盘数据销毁中的硬销毁则通过采用物理、化学方法直接销毁存储介质，以达到彻底的硬盘数据销毁／数据擦除的目的。

4. 删除销毁验证

对于通过匿名化处理的数据和个人敏感信息，应定期评估匿名化处理效果，确保个人信息在当前技术条件下不具备还原能力。数据覆写法处理后的硬盘可以循环使用，适应于密级要求不是很高的场合。处理后的硬盘仍有恢复数据的可能，这样就不能达到硬盘数据销毁／数据擦除的效果，因此该方法不适用于存储高密级数据的硬盘，这类硬盘必须实施硬销毁，才能保证彻底的硬盘数据擦除，防止涉密数据的流失。

✎ 小贴士

深度解读美国数据安全监管机制重大变化

一、美国数据安全监管机制概述及背景

由于美国联邦层面缺乏数据安全监管法规，且其在各类国际组织与国家间合作中表现踊跃，美国联邦政府对于数据跨境一直持自由流动的态度。

但是，仔细考察近几年来美国的国内政策与国际实践发现，虽然美国企业在国际市场上仍然保持着强势地位，国与国之间的数据自由流动也持续不断地为美国经济带来正面效益，但一些发展中国家经济的崛起，甚至他们某些行业的企业在全球细分领域的话语权增强，给美国带来了不少竞争压力。

与此同时，美国国内保守主义意识形态抬头，令美国联邦政府逐渐倾向于采取具有贸易保护主义色彩的监管政策——这些政策不仅针对特定经济部门、行业产业进行规制，也包括了对网络与数据进行监管。

近几年来，美国在数据跨境流动政策方面表现出较为明显的转向——美国联邦政府出于为境内数据监管政策（尤其是涉及源代码、算法等敏感领域的相关数据）保留空间的目的，倾向于在国际合作中避免在科技监管领域为自身设定具有约束力且可执行的限制——尤其是在进入 2023 年后，美国白宫在促进数据跨境自由流动方面几近失语，转而制定并落实各类数据监管政策并开展对应的国际实践。

表 8-1 针对美国联邦政府在数据跨境流动方面颁布的较为重要的部分国内政策与在国际方面的声明进行了简要梳理。

随着全球地缘政治的变化，美国对数据安全和国家安全的关注

表8-1 美国联邦数据跨境流动国内政策与国际实践

趋势	国内政策/国际实践	时间
自由流动	【美国国际工商理事会】世界贸易组织电子商务谈判提案（USCIB Recommendations for the WTO E-Commerce Negotiations）	2019/06/06
	【二十国集团】"基于信任的数据自由流通"倡议	2019/06/29
	【全球跨境隐私规则论坛】全球跨境隐私规则声明[Global Cross-Border Privacy Rules (CBPR) Declaration]	2022/04/21
	【经济合作组织】关于政府调取私营部门实体持有的个人数据的宣言（Declaration on Government Access to Personal Data Held by Private Sector Entities）	2022/12/14
	【美国商务部、欧盟委员会】欧盟-美国数据隐私框架（EU-US Data Privacy Framework）	2023/07/10
强化监管	【美国白宫】第14034号关于防范外国对立方侵犯美国敏感数据的行政命令（Executive Order on Protecting Americans' Sensitive Data From Foreign Adversaries）	2021/06/09
	【美国贸易代表】取消2019年世界贸易组织电子商务谈判提案	2023/10/26
	【美国商务部】采取额外措施应对重大恶意网络活动方面的国家紧急情况的拟议规则（Proposed Rules on Taking Additional Steps To Address the National Emergency With Respect to Significant Malicious Cyber-Enabled Activities）	2024/01/29
	【美国白宫】第14117号关于阻止受关注国家获取美国大规模敏感个人数据及众多国政府相关数据的行政命令（Executive Order on Preventing Access to Americans' Bulk Sensitive Personal Data and United States Government-Related Data by Countries of Concern）	2024/02/28

度日益增加。AI 技术迅猛发展使得数据成为关键资源，同时也带来了数据安全和国家安全的挑战。同时国内政策与国际实践使得美国国内保守主义意识形态抬头，以及在国际合作中避免在科技监管领域为自身设定具有约束力且可执行的限制，促使美国调整其数据跨境流动政策。

二、美国数据安全监管机制变化内容

在国家行政令方面，2024 年 2 月 28 日，美国总统拜登签发了行政令《关于防止关注国家访问美国人的大量敏感个人数据和美国政府相关数据的行政命令》，以保护美国人的个人敏感数据不受关注国家利用。该行政令限制乃至禁止中国（含中国香港和中国澳门）、俄罗斯、伊朗、朝鲜、古巴和委内瑞拉等受关注国家及符合条件的实体获取大量美国人个人敏感数据及政府相关数据。

在管制范围方面，此次行政令不仅管制数据跨境流动本身，还管制大量涉及"潜在的数据跨境流动"的行为。这意味着其管制范围不仅涉及受限实体从美国向境外传输数据的活动，还广泛适用于这些实体对美国的投资活动、在美国的商务活动以及其在美国设立的实体在美国本土的经营活动，只要这些活动涉及满足特定条件的数据。

在数据交易的定义上，美国数据安全新规虽采用"数据交易"这个词，但其所指代的商业行为比中国法律法规项下仅针对数据资产的交易而言广泛得多，可以初步理解为任何涉及数据的所有商业交易活动，甚至不一定发生数据跨境传输活动。

三、美国数据安全监管机制变化的影响

美国数据安全监管机制变化对受关注国家、商业活动、国家安全监管等方面都产生的巨大影响。

在受关注国家方面，此次行政令对包括中国在内的受关注国家带来了实质性的影响，限制了这些国家及其实体获取美国敏感数据的能力。

在商业活动方面，由于行政令的管制范围广泛，它将对涉及美国主体及受关注国家或受关注主体的商业活动产生深远影响，贯穿于雇佣、投资、运营等各个商业环节。

在国家安全监管方面，此次行政令标志着美国利用数据这一要素和抓手，进一步加强和升级其国家安全监管机制的举措。

第九章

数据平台工具

▶▶▶

在数据治理中通常需要搭建数据中台系统，提供包含元数据管理、数据目录、数据质量、数据分析、数据安全等在内的一整套数据工具，帮助企业实施数据管理和数据治理。数字化团队需要根据组织的需求和情况，选择适合的工具来完成数据管理和数据治理操作。下面这些数据工具具备不同的功能和特点，在选择数据工具时，需要考虑其功能、易用性、扩展性和集成性，以及与现有环境的兼容性。本章列出的是国际上比较知名的数据管理工具，而国内综合云服务商腾讯云、阿里云、华为云等也都分别开发了自己的数据中台系统，并提供给各个云服务客户开通使用。

第一节　元数据管理工具

元数据管理工具，作为数据管理和治理领域中的核心组件，扮演着至关重要的角色，它如同一盏明灯，照亮了数据资产的庞杂世界，使用户能够清晰地洞察数据的全貌及其生成流程。这类工具的核心价值在于，它们能够深入探索并理解数据元数据——那些描述数据本身特性的信息，比如数据类型、格式、质量以及存储位置等，为数据的有效利用和治理奠定了坚实的基础。

一、Collibra

Collibra 是一款全面的数据治理平台，内置了极为强大的元数据管理模块。其独特之处在于能够无缝连接并整合各式各样的数据源和存储系统，无论是关系型数据库、大数据平台还是云存储，均能轻松应对。Collibra 不仅提供深入的元数据分析，还实现了自动化的数据血缘追踪，确保数据的来源和去向一目了然。此外，它还集成了数据质量和安全管理功能，构建了一个全方位的数据治理解决方案，使用户能够更有效地管理和利用其数据资产。

二、Informatica Metadata Manager

Informatica Metadata Manager 作为 Informatica PowerCenter 数据集成平台的重要组成部分，专注于元数据的高效管理和利用。它与 PowerCenter 及其他数据集成工具紧密集成，使得用户能够在统一的界面下，轻松完成元数据的管理、数据血缘的深入分析以及数据资产的全面审视。这种高度的集成性极大地提升了数据管理和治理的效率，帮助组织更快地响应数据需求并维护数据的一致性和准确性。

三、IBM InfoSphere Information Governance Catalog

作为 IBM InfoSphere 平台的一员，IBM InfoSphere Information Governance Catalog 展现出了强大的功能和广泛的适用性。它不仅能够处理来自多种数据源和数据存储系统的元数据，还提供详尽的元数据分析、精确的数据血缘追踪以及严格的数据质量管理功能。借助这些功能，用户可以更加轻松地实现数据资产的全面治理和有效利用，从而提升组织整体的数据治理水平。

四、Azure Purview

Azure Purview 是 Microsoft Azure 提供的元数据管理服务，旨在帮助组织构建并维护一个全面、准确的数据目录。它能够连接多种数据源和存储系统，自动收集并分析元数据，为用户提供清晰的数据资产视图。此外，Azure Purview 还提供强大的数据安全和隐私保护功能，确保数据在共享和利用过程中得到充分的保护，从而使企业能够在合规的前提下灵活使用数据。

五、Apache Atlas

Apache Atlas 作为一款开源的元数据管理和数据治理工具，以其灵活性和可扩展性赢得了广泛的认可。它提供完善的元数据收集、存储和检索功能，使得用户能够轻松地对数据资产进行分类、标记和血缘关系管理。Apache Atlas 与 Hadoop 等大数据平台的紧密集成，使其在处理大数据场景下的元数据管理和治理方面表现出色，成为企业在大数据时代进行数据治理的理想选择。

第二节　数据质量工具

数据质量工具是数据管理和治理领域中不可或缺的一部分，它们的主要任务是检测、度量和改进数据的质量，从而确保数据的准确性、完整性和一致性。这些工具通过自动化地执行数据清洗、数据校验、数据质量监控和报告生成等任务，大大减轻了数据管理人员的工作负担，提高了数据治理的效率。

一、Informatica Data Quality

Informatica Data Quality 是 Informatica 公司推出的一款功能强大的数据质量管理工具。它涵盖了数据清洗、数据校验、数据去重、数据标准化和数据补全等一系列功能，旨在帮助组织全面提高数据的准确性和完整性。Informatica Data Quality 通过智能化的数据处理流程，能够自动识别和修正数据中的错误和不一致，确保数据的可靠性和可用性。该工具支持灵活的集成，可以与其他数据管理工具无缝对接，为企业提供全面的解决方案。

二、Talend Data Quality

Talend 公司的 Talend Data Quality 同样具备出色的数据清洗、数据校验、数据去重和数据标准化功能。该工具能够帮助组织快速识别和解决数据质量问题，提高数据的整体质量水平。Talend Data Quality 的用户界面友好，使得数据管理人员可以轻松上手，灵活配置。同时，它还支持多种数据源，能够处理结构化和非结构化数据，使其成为众多组织数据治理工具箱中的重要一员。

三、IBM InfoSphere Information Analyzer

作为 IBM InfoSphere 平台的一部分，IBM InfoSphere Information Analyzer 专注于提供全面的数据质量分析、监控和报告功能。它帮助组织深入了解数据的质量状况，识别潜在的数据问题，并提供改进建议。通过实时的数据质量监控和定期的报告生成，IBM InfoSphere Information Analyzer确保组织能够持续跟踪并改进数据质量。此外，它还支持多种分析模型，能够在复杂数据环境进行深度洞察，帮助决策者制定更加有效的数据治理策略。

四、Oracle Data Quality

Oracle 公司的 Oracle Data Quality 集成了数据清洗、数据校验、数据去重和数据标准化等多种功能，旨在帮助组织提高数据的准确性、完整性和一致性。该工具支持多种数据源和数据类型，使得组织能够轻松处理来自不同渠道和系统的数据，实现统一的数据质量管理。Oracle Data Quality 还具备强大的数据监控能力，能够实时反馈数据质量状态，帮助组织及时发现并纠正数据问题，确保数据资产的高效利用。

五、SAS Data Quality

SAS 公司的 SAS Data Quality 同样提供了全面的数据清洗、数据校验、数据去重和数据标准化功能。凭借其卓越的数据处理能力和智能化的数据分析算法，SAS Data Quality 能够帮助组织深入挖掘数据中的潜在问题，并提供针对性的解决方案。它通过高效的分析工具和灵活的配置选项，支持组织在多变的业务环境中快速响应数据质量挑战。SAS Data Quality 的强大功能使其成为众多行业领域数据治理的首选工具，为企业提供坚实的数据质量保障。

第三节　数据可视化工具

数据可视化工具是现代数据分析与决策过程中不可或缺的一环，它们能够将冗长复杂的数据集转化为直观易懂的图表、图形及仪表板，极大地促进了数据驱动型决策的制定与可视化分析的深度挖掘。以下是对几款主流数据可视化工具的详细扩展描述，旨在帮助用户更好地理解各工具的特性与适用场景，以便根据组织需求做出明智选择。

一、Tableau

Tableau 以其卓越的数据可视化能力和高度的交互性著称，成为数据分析师和决策者的得力助手。它不仅支持连接多种数据源，包括关系型数据库、大数据平台及云服务等，还提供了丰富的预置可视化模板和自定义选项，使用户能够轻松创建出既美观又富有洞察力的图表和仪表板。Tableau 的交互式特性允许用户通过点击、拖拽等简单操作深入探索数据，快速发现数据背后的故事，为决策提供有力支持。此外，Tableau 社区活跃，用户可以分享他们的作品和经验，进一步提升自己的数据分析技能。

二、Power BI

作为微软旗下的数据可视化和商业智能工具，Power BI 集数据集成、可视化分析、报表生成及分享等功能于一体，为用户提供了一个全面的数据分析平台。它能够无缝对接 Excel、SQL Server、Azure 等多种数据源，通过直观的拖拽式界面快速构建报表和仪表板。Power BI 还支持实时数据更新和移动访问，确保用户无论身处何地都能及时获取最新数据，从而做出基于事实的决策。此外，Power BI 的内置 AI 功能可以为用户提供智能数据分析建议，进一步提升数据分析效率。

三、Qlik View 和 Qlik Sense

Qlik 公司的这两款数据可视化工具，以其强大的数据分析能力和高度交互式的可视化界面赢得了广泛好评。Qlik View 擅长于处理大规模数据集，提供快速的数据加载和分析能力；而 Qlik Sense 则更加注重用户体验和易用性，通过直观的界面设计降低了数据分析的门槛。两者均支持用户通过简单的拖拽操作创建复杂的可视化分析，发现数据中的隐藏关联和趋势。Qlik 的"关联数据模型"功能允许用户在多个数据源之间自由探索，帮助用户获得更深刻的洞察。

四、Google Data Studio

作为谷歌提供的一款免费数据可视化工具，Google Data Studio 以其简洁的界面和强大的功能吸引了大量用户。它能够与 Google Sheets、BigQuery、MySQL 等多种数据源无缝集成，用户无须编写代码即可轻松创建动态和交互式的报表及仪表板。Google Data Studio 还支持团队协作和分享，使得团队成员可以共同编辑和分析数据，提高工作效率。用户还可以利用丰富的模板和主题，快速构建符合品牌风格的可视化内容。

五、D3.js

D3.js 是一款基于 JavaScript 的数据可视化库，它赋予了开发者极大的灵活性和创造力。通过结合 HTML、CSS 和 SVG 等技术，D3.js 能够创建出高度定制化和专业级的交互式数据可视化作品。虽然 D3.js 的学习曲线相对陡峭，但它提供的丰富 API 和可视化组件使得开发者能够充分发挥想象力，实现各种复杂的数据可视化效果。对于追求极致可视化和个性化定制的项目来说，D3.js 无疑是一个理想的选择。此外，D3.js 的开源特性使其在开发者社区中享有广泛的支持和应用，用户可以找到大量的示例和资源来学习和提升自己的技能。

第四节　数据分析工具

数据分析工具是现代企业和研究机构不可或缺的利器，它们能够深入挖掘数据背后的价值，揭示隐藏的模式和洞察，为业务决策提供科学、准确的依据。以下是对几款主流数据分析工具的详细扩展描述，旨在帮助用户更好地理解各工具的特性、适用场景及选择考量。

一、Python

Python 作为一种高级编程语言，凭借其简洁的语法、丰富的库和强大的社区支持，在数据分析领域占据了举足轻重的地位。NumPy 和 Pandas 等库为数据处理提供了高效、灵活的工具，使得数据清理、整合和分析变得更加便捷。SciPy 和 Scikit-learn 等库则让统计分析和机器学习变得触手可及，帮助分析师构建和评估各种模型。Python 的可视化库如 Matplotlib 和 Seaborn，更是让数据可视化变得简单直观，用户可以轻松创建各种图表，呈现数据背后的故事。无论是初学者还是资深数据分析师，都能通过 Python 找到适合自己的解决方案，满足从数据预处理到模型构建再到结果可视化的全流程需求。此外，Python 被广泛应用于 Web 开发和自动化，使得它在数据分析项目中也具备极强的整合能力。

二、R 语言

R 语言专为统计分析和数据可视化设计，拥有庞大的用户群体和丰富的开源包。ggplot2 和 dplyr 等包使得数据探索和可视化变得异常便捷，用户能够通过灵活的语法快速创建复杂的图表。像 randomForest 和 caret 等包则提供了强大的机器学习功能，适用于各类预测和分类任务。R 语言特别适合进行复杂的统计分析、时间序列分析和生物信息学等领域的研究。尽管 R 语言的学习曲线可能稍陡，但其强大的功能和广泛的应用场景使得它成为许多数据分析师和统计学家的首选。此外，R 语言与 Shiny 框架结合后，用户可以轻松创建交互式网页应用，为数据分析结果提供更生动的展示。

三、SQL

SQL 作为结构化查询语言，是数据库管理和数据分析的基石。它允许用户通过简单的查询语句，从海量数据中快速提取所需信息，进行基本的数据分析和汇总。SQL 的通用性和易用性使得它成为数据分析师、数据工程师和数据库管理员等人员的必备技能，能够处理不同类型的关系数据库，如 MySQL、PostgreSQL 和 Oracle。无论是小型项目还是大型企业级应用，SQL 都扮演着不可或缺的角色。通过对数据进行有效的查询、更新和管理，SQL 帮助企业提升数据的可用性和洞察能力。同时，SQL 也可以与 Python 或 R 语言结合使用，进一步增强数据分析的能力。

四、Apache Spark

Apache Spark 是一种高效的分布式计算框架，它支持批处理、流处理和图计算等多种数据处理模式。Apache Spark 的强大之处在于其能够处理超大规模的数据集，同时保持高性能和易用性。它支持多种编程语言，如 Java、Scala、Python 和 R，使得开发者可以根据自己的技术栈选择最合适的实现方式。Apache Spark 还提供了丰富的机器学习库 MLlib，使得机器学习任务的部署和调优变得更加简单。对于需要处理大规模数据并进行复杂分析的场景，Apache Spark 无疑是一个理想的选择。它的内存计算能力显著提升了数据处理的速度，适合用于实时分析和大数据应用场景，成为企业实现数据驱动决策的重要工具。

五、Excel

Excel 作为微软提供的电子表格软件，凭借其直观的用户界面和强大的功能，成为许多非专业数据分析师和业务用户的首选工具。它提供了丰富的内置函数和工具，使得数据清理、数据透视表、图表和指标分析等任务变得简单易懂。Excel 的图形化界面使得数据处理过程对用户友好，能够快速上手。同时，Excel 还支持 VBA 编程，使得用户可以根据自己的需求定制解决方案，自动化重复性任务。尽管 Excel 在处理超大规模数据或进行高级统计分析方面可能略显不足，但对于日常的数据管理和基本分析需求来说，它仍然是一个不可或缺的工具。此外，Excel

的强大生态系统和与其他微软产品的整合能力，也使其在商务领域中被广泛应用。

第五节　数据安全工具

数据安全工具在维护企业信息安全和隐私保护方面扮演着至关重要的角色，它们通过一系列先进的技术手段，确保数据在生成、存储、传输和处理的全生命周期中得到妥善保护。以下是对几款主流数据安全工具的详细扩展描述，旨在帮助组织更好地理解各工具的功能特性、适用场景及选择策略。

一、Symantec Data Loss Prevention

Symantec Data Loss Prevention（DLP）是一款专为防止数据泄露而设计的高级安全工具。它不仅能够实时监控网络流量，识别并拦截敏感数据的非法传输，还具备深度内容识别能力，能准确分类和标记数据，以便根据预设策略进行相应处理。DLP支持多种数据源，包括电子邮件、云存储和移动设备，确保所有数据交互都在安全的环境中进行。它还提供了强大的策略管理功能，允许组织根据自身安全需求灵活配置监控规则和响应措施，有效防止数据泄露和未经授权的数据访问，确保敏感信息的安全。

二、McAfee Data Protection

McAfee Data Protection是一套集成的数据安全解决方案，涵盖了数据加密、数据分类、数据泄露预防以及数据访问控制等多个方面。该工具通过先进的加密技术保护数据在静态和传输过程中的安全，确保即使数据遭到盗取，攻击者也无法轻易获取其内容。同时，利用智能分类技术，McAfee 能够自动识别和标记敏感数据，便于实施针对性的保护措施。此外，该工具还提供全面的数据泄露预防机制，能够及时发现并阻止潜在的数据泄露事件，确保数据访问的合法性和安全性。它适用于各种行业，尤其是金融、医疗和政府等对数据安全要求极高的领域。

三、IBM Guardium

IBM Guardium 是一套专注于数据库安全和数据隐私保护的综合解决方案。它提供数据库加密功能，确保敏感数据在存储时得到最高级别的保护。同时，通过数据库活动监控，IBM Guardium 能够实时捕获和分析数据库操作，及时发现异常行为并触发警报。此外，该工具具备敏感数据发现能力，帮助组织准确识别数据库中的敏感信息，并实施严格的访问控制策略。IBM Guardium 的可视化界面使得安全团队能够轻松监控数据库活动，评估风险并进行合规审计，确保数据的安全性和隐私性。

四、Imperva SecureSphere

Imperva SecureSphere 是一款针对数据库和应用程序安全的全面解决方案。它结合了实时数据防御、数据掩码、访问控制和活动审计等多种功能，为组织提供全方位的数据保护。Imperva SecureSphere 能够实时监控数据库和应用程序的活动，及时发现并阻止恶意攻击和未经授权的访问，保障数据的完整性和保密性。同时，通过数据掩码技术，它能够在不影响业务逻辑的前提下，对敏感数据进行脱敏处理，降低数据泄露的风险。此外，该工具还提供详细的审计日志，便于组织进行安全事件追溯和合规性检查，确保遵循行业标准和法规要求。

五、Fortinet FortiGate

Fortinet FortiGate 是一款集成的网络安全解决方案，其中包含强大的数据安全功能。作为网络安全的第一道防线，Fortinet FortiGate 提供高性能的防火墙功能，有效阻挡外部攻击和恶意流量，确保企业网络的安全性。同时，它还支持数据加密和访问控制功能，确保数据在传输过程中的安全。此外，Fortinet FortiGate 提供的安全审计功能能够记录和分析网络活动，帮助组织及时发现并应对潜在的安全威胁。该工具适用于各种规模的企业，尤其是在面对不断变化的网络威胁时，Fortinet FortiGate 的灵活性和可扩展性使其成为一种理想的解决方案。

第六节 优步的数据平台工具

优步（Uber）通过构建一个强大的数据平台，利用 Apache Kafka 进行实时数据流处理，确保系统能够快速响应用户请求。Hadoop 用于存储和处理大规模的历史数据，帮助优步分析交通模式和用户需求。通过 Tableau，优步的分析师可以可视化数据，识别业务趋势，进而支持运营决策。

优步通过构建以 Apache Kafka、Hadoop 和 Tableau 为核心的数据平台，成功实现了实时数据处理、大规模数据存储和可视化分析。这一系列工具的整合，使得优步在快速变化的市场环境中保持竞争力，能够有效响应用户需求，同时提升运营效率和客户体验。

一、Apache Kafka 实时数据流处理

优步的业务模式深深依赖于对用户需求的实时响应，因此，构建一个高效的实时数据处理系统至关重要。Apache Kafka 作为一个高吞吐量的分布式消息队列，能够高效处理大量的实时数据流，成为优步的核心技术之一。优步对 Apache Kafka 的应用可以归纳为三个关键方面：事件驱动架构、实时数据分析和数据集成。

1.事件驱动架构

优步使用 Apache Kafka 构建了一个事件驱动架构，使其能够快速

处理来自司机和乘客的实时请求。在这个架构中，所有用户的请求都会即时被捕获并转发。例如，当一名乘客通过优步应用程序发起打车请求时，该请求会迅速通过 Apache Kafka 传递给合适的司机。这种架构的优势在于它能够实时处理每一个请求，确保用户等待时间尽可能缩短。在高峰时段或特殊事件期间，这种高效的请求处理机制尤其重要，能够显著提高乘客的满意度。

为了实现这一目标，优步还利用 Apache Kafka 的分区和副本机制来确保系统的高可用性和可靠性。即使在高负载的情况下，Apache Kafka 也能够平衡流量，保证消息能够迅速传递，确保司机和乘客之间的沟通畅通无阻。此外，Apache Kafka 的设计允许横向扩展，优步可以根据需求增加更多的节点来处理不断增长的用户请求，进一步提高系统的弹性和响应速度。

2. 实时数据分析

Apache Kafka 不仅仅是一个数据传输工具，它还允许优步实时收集和分析大量的数据。这些数据包括用户的位置、乘车需求、交通状况和司机的可用性等。这种实时数据收集能力，使优步能够及时获取市场动态，优化其调度算法。

具体而言，当乘客发起打车请求时，Apache Kafka 会将相关数据流实时发送到数据分析模块，这些模块能够迅速分析当前的交通状况和用户需求。基于这些实时分析，优步能够智能地将乘客与最合适的司机匹配。例如，在交通繁忙的区域，系统可以优先选择距离乘客较近的司机，从而缩短等待时间，提升乘客的出行体验。

此外，优步还利用 Apache Kafka 的流处理能力进行动态定价分析。当需求激增时，优步能够即时调整价格，以平衡供需关系。这种灵活性不仅提升了公司的赢利能力，同时也帮助司机在需求高峰时获得更高的报酬，促进了司机的积极性。

3. 数据集成

优步的业务涉及多个系统和服务，数据的集成显得尤为重要。

Apache Kafka 允许优步将来自不同来源的数据集中到一个统一的平台，确保不同团队之间的数据流动和协作更加高效。通过 Apache Kafka，优步能够将所有实时数据汇聚在一个中心位置，无论是来自订单处理系统、用户反馈系统还是其他第三方服务，所有数据都可以迅速被整合并进行分析。

这种集中化的数据管理方式不仅提升了数据的可访问性，还促进了各个部门之间的协作。例如，市场营销团队可以通过实时获取运营部门的数据，快速调整市场策略，以适应不断变化的用户需求。这种高效的数据流动和跨部门协作，确保了优步能够在激烈的市场竞争中保持领先。

此外，优步利用 Apache Kafka 的主题机制来组织和管理不同类型的数据流，使得数据处理更加灵活和可控。这种结构化的数据管理方法允许不同团队根据业务需求定义和调整数据流，提高了整体数据处理的效率。

二、Hadoop 大规模数据存储与处理

优步的运营过程中产生了大量的历史数据，包括乘客和司机的活动记录、交易记录、客户反馈等。这些数据为优步的决策和运营优化提供了宝贵的资源，因此，如何高效存储和处理这些数据成为一个重要的课题。为此，优步选择了 Hadoop 作为其数据管理的核心工具，为其提供了强大的数据存储和处理能力。

1. 数据湖的构建

优步使用 Hadoop 作为数据湖，存储所有历史数据，无论是结构化数据（如用户注册信息、交易记录等）还是非结构化数据（如用户反馈、社交媒体评论等）。这种灵活的数据存储方式使得优步能够方便地存取和管理各类数据，随时满足不同业务需求的分析要求。通过 Hadoop 的分布式文件系统（HDFS），优步能够高效地存储大规模数据，并确保数据的安全性和可用性。

数据湖的设计使得优步能够轻松整合来自不同来源的数据。例如，优步可以将乘客的打车记录与司机的表现、交通状况和天气数据结合起来，形成更全面的数据集。这种综合性的数据整合，为深入分析用户行为、优化服务质量和提升用户体验奠定了基础。

2. 批量数据处理与分析

Hadoop 的 MapReduce 框架使优步能够对历史数据进行高效批量处理，从而进行复杂的数据分析和挖掘。通过这一框架，优步可以将大量数据分解为可并行处理的小任务，快速计算并最终汇总结果。例如，优步可以分析过去一年的乘客需求数据，以识别出高峰时段和繁忙区域。这些洞察可以帮助优步优化司机调度和资源分配，确保在需求高峰期有足够的司机可供调度，从而减少乘客的等待时间，提高服务效率。

具体而言，当优步识别出某个地区在特定时间段内的需求增加时，它可以提前安排更多司机待命，确保乘客能够快速找到合适的交通服务。同时，通过对历史数据的深入分析，优步还可以制定更具针对性的市场推广策略，吸引更多乘客在高需求时段使用其服务。

3. 灵活的扩展能力

Hadoop 的分布式架构使得优步能够根据数据量的增加轻松扩展其存储和处理能力，这对于优步的持续发展至关重要。随着用户数量的不断增加，数据生成的速度和数量也在不断攀升。Hadoop 允许优步在需要时添加更多的节点，以应对不断增长的数据存储和处理需求。这种横向扩展的能力不仅降低了基础设施的维护成本，还确保了优步能够始终保持高效的数据处理能力。

此外，Hadoop 的弹性也使得优步能够快速适应市场变化。例如，在推出新服务或进入新市场时，优步可以迅速扩展其数据存储和处理能力，以支持新的业务需求。这种灵活性使优步能够在快速变化的市场环境中保持竞争优势，及时响应客户需求，优化运营效率。

4. 数据驱动的决策支持

通过 Hadoop，优步能够实现数据驱动的决策支持，让业务团队能够在数据分析的基础上制定战略和战术。无论是进行市场趋势分析，还是评估新产品的潜在影响，Hadoop 提供的强大数据处理能力使得优步能够迅速获取有价值的洞察。运营团队可以根据数据分析结果，灵活调整策略，以应对市场变化，提高用户满意度和业务绩效。

例如，优步可以利用 Hadoop 对用户反馈数据进行深入分析，识别出服务中的痛点，从而在产品设计和服务优化中加以改进。这种基于数据的反馈循环，不仅提升了用户体验感，还增强了优步的品牌忠诚度。

三、Tableau 数据可视化与分析

在当今数据驱动的商业环境中，数据可视化成为理解复杂数据和支持业务决策的重要工具。优步的分析师充分利用 Tableau 这一强大的可视化工具，将复杂的数据转化为易于理解的图形和仪表盘，帮助业务团队快速识别趋势和关键绩效指标。

1. 数据可视化的价值

Tableau 使优步能够将海量数据以直观的方式呈现，转化为丰富的视觉信息。例如，通过使用动态图表、热图和地理信息系统（GIS）功能，分析师可以轻松展示不同城市或区域的乘客需求变化。这种视觉化的方法使得数据分析不再是技术团队的专利，而是赋能了整个组织。业务团队成员可以轻松地通过可视化工具理解数据背后的含义，发现潜在的市场机会，优化运营策略，进而提升整体业务表现。

2. 自助分析的灵活性

优步实施自助分析的能力极大地提升了数据使用的灵活性和效率。使用 Tableau，业务团队成员可以自主创建和定制可视化报告，而不需要依赖数据工程师。这种方式不仅缩短了从数据生成到洞察获取的时间，还提升了数据分析的准确性和相关性。举例来说，市场营销团队可以实时访问乘客反馈数据，通过 Tableau 生成动态报告，分析用户满意度和市场需求，快速调整营销策略。

这种自助分析的模式确保了各部门能够在不同的业务情境下获得适

时的洞察，从而做出更快的决策。例如，在新产品推出的前期，产品团队可以利用 Tableau 分析目标用户的偏好和需求，确保新产品的设计和功能更贴近市场需求。

3. 跨部门协作与报告共享

Tableau 的强大功能不仅体现在数据可视化上，还在于其支持跨部门的协作。分析师可以创建可共享的报告，使得不同部门的团队能够实时查看其他部门的重要指标和业务表现。这种透明度促进了部门之间的信息流动，使各团队能够在同一平台上共同工作，快速响应业务变化。

例如，运营团队和市场营销团队可以通过共享的 Tableau 仪表盘，实时监控运营指标与市场反应。若某一地区的需求突然增加，营销团队可以迅速调整广告投放策略，以便在高需求时期吸引更多用户。同时，运营团队也能及时调整司机调度，以满足新增的乘客需求。通过这种高度协作的方式，优步能够保持业务的灵活性和应变能力，有效提升运营效率。

4. 实时数据更新与决策支持

Tableau 的实时数据更新功能使得优步能够基于最新数据做出快速反应。通过连接实时数据源，分析师和业务团队能够获得最新的运营数据，从而随时调整策略和操作。例如，在高峰期，实时关注乘客叫车的频率，优步可以立即评估是否需要增加司机数量，确保用户的需求得到及时满足。

这种支持决策的能力，使得优步能够在瞬息万变的市场环境中保持竞争优势。通过分析实时数据，优步不仅能及时识别业务瓶颈，还能更好地把握市场趋势，从而制定更具前瞻性的商业战略。

四、综合应用

通过将 Apache Kafka、Hadoop 和 Tableau 结合使用，优步实现了高效的数据处理与分析能力，这使得公司能够在瞬息万变的市场环境中快速响应用户需求。以下是这三种技术结合所带来的具体优势。

1. 快速响应与实时数据处理

Apache Kafka 作为一个分布式流处理平台，使优步能够实时处理海量的用户数据。当用户发起打车请求、司机接受订单或用户给出反馈时，这些信息都会被即时传送到 Apache Kafka，确保数据能够以低延迟、高吞吐量的方式被捕获。借助 Apache Kafka，优步能够实现数据的实时分析，快速识别用户的需求变化。

结合 Hadoop 的分布式计算能力，优步不仅能处理实时数据流，还能对历史数据进行批量分析。Hadoop 可以存储和处理大量的历史数据，使得优步在分析用户行为时，不仅仅依赖于实时数据，还可以利用过去的数据趋势来做出更精准的预测。例如，优步可以根据历史数据分析在特定时间段内的用户需求，从而优化调度策略和资源分配，确保在需求高峰期有足够的司机可用。

2. 数据驱动决策

借助 Tableau 的可视化分析能力，优步的管理层能够将复杂的数据转化为易于理解的图形和仪表盘，使得数据驱动的决策更加高效和明智。管理人员可以通过可视化工具快速识别关键绩效指标、市场趋势及潜在业务机会。

例如，通过将实时数据和历史数据相结合，管理层能够观察到特定区域内的用户需求波动，并据此调整资源配置。若发现某一地区在某个时段内需求增加，优步可以及时增加该区域的司机数量，以确保服务的及时性和质量。同时，管理层也能够识别潜在风险，例如在竞争激烈的市场中，监测用户流失率并采取措施保留客户。通过这种数据驱动的决策过程，优步能够在复杂的市场环境中保持灵活性与竞争优势。

3. 客户体验提升

通过对用户行为和需求的深入分析，优步能够不断优化其产品和服务，从而提升客户满意度。Apache Kafka 的实时数据处理能力与 Hadoop 的历史数据分析相结合，使得优步能够全面了解用户的使用习惯和偏好。

例如，优步可以分析用户在使用 App 时的行为模式，如常用的乘车时间、常去的目的地等，从而提供个性化的推荐和服务。此外，优步还可以通过分析用户的反馈数据，及时识别服务中的问题，并快速进行改进。这种基于数据的客户体验优化策略，不仅提高了客户的满意度，也增强了用户的忠诚度，进而推动了业务的可持续增长。

✎ **小贴士**

开源数据标注平台——Label-Studio

大语言模型（LLM）时代已至，数据标注的重要性愈发重要。大模型依靠高质量标注数据支撑，而数据标注则是 AI 理解世界、做出决策的基础。Label-Studio 作为一款开源标注平台，以其直观、灵活的特点，助力高效、准确地完成数据标注工作。在大语言模型时代，我们应重视数据标注，利用 Label-Studio 等工具，为 AI 发展奠定坚实基础。

一、Label-Studio

什么是 Label-Studio？Label-Studio 是一个开源的数据标注和数据管理平台，由 Human Signal 开发并维护。它旨在提供一个直观、灵活且可扩展的平台，用于对各种类型的数据（如文本、图像、音频、视频等）进行高质量的标注工作。

为什么选择 Label-Studio？它提供了多模态数据支持、丰富的可视化界面以及自定义标注模板的能力，这些特性使得 Label-Studio 成为一个灵活、高效且适用于多个领域和场景的数据标注平台，能够降低标注门槛，提高标注效率和准确性。

1. 多模态数据支持 Label-Studio 支持文本、图像、语音、视频等多种类型的数据标注，满足不同领域和场景的需求。

2. 丰富的可视化界面提供直观、易用的用户界面，降低数据标注的门槛，提高标注效率。

3. 自定义标注模板内置多种标注模板，同时允许开发者根据具体业务场景自定义模板，提高标注的针对性和准确性。

二、多模态标注

图像标注：Label-Studio 为计算机视觉领域提供了强大灵活的图像标注解决方案，支持图像分类、物体检测、语义分割等多种标注任务，提升标注效率和准确性。

图像分类：根据图像的语义信息将不同类别的图像区分开来。这是计算机视觉中的基本任务，也是其他高层视觉任务（如图像检测、图像分割等）的基础。

物体检测：检测图像上的物体，并使用框（边界框）、多边形、圆形或关键点等形状进行标注。这有助于机器学习模型学习如何识别图像中的特定物体及其位置。

语义分割：将图像分割成多个具有特定语义含义的片段。这需要对图像中的每个像素进行分类，实现像素级别的分类和标注。

语音标注：Label-Studio 在音频和语音应用方面提供了全面的支持，包括音频分类、说话人分类、情绪识别和音频转录等功能，帮助用户高效地处理和分析音频数据。

音频分类：将音频文件根据其内容或特征进行分类。这可以用于多种场景，如音乐分类（摇滚、爵士、古典等）、环境声音识别（街道噪声、雨声、鸟鸣等）等。

说话人分类：根据说话者的身份或特征将音频流划分为同质片段。这在语音识别、会议记录、电话客服等场景中非常有用，可以帮助区分不同的说话者或识别特定的语音特征。

情绪识别：从音频中标记并识别情绪，如高兴、悲伤、愤怒、平静等。这对于情感分析、心理研究、客户服务等领域具有重要意义。

音频转录：将口头交流用文字记录下来的过程，可以与语音识别系统（如 NVIDIA NeMo）集成，实现自动或半自动的音频转录功能。

文本标注：Label-Studio 在文档处理领域展现出强大的能力，支持大规模分类（最多可达 10 000 个类别）、命名实体识别、问答系统训练及情绪分析等多种标注任务。

文档分类：创建分类项目，上传待分类的文档，并定义分类标签。标注者可以根据文档内容将其归类到相应的类别中。

命名实体识别：创建 NER 项目，并定义需要识别的实体类型（如人名、地名等）。标注者随后会在文本中标注出这些实体，并将其归类到相应的类别中。

问答系统：创建问答标注项目，并上传包含问题、答案的文本数据。标注者将问题与答案进行关联，以生成训练数据。

情绪分析：创建情绪分析项目，并定义情绪标签（如正面、负面、中性）。标注者随后会阅读文本内容，并根据其表达的情绪倾向进行标注。

时间序列标注：Label-Studio 通过一些创造性的方法（如转换数据格式、使用外部工具、自定义标签类型等）来处理时间序列数据的分类、分割和事件识别任务。

时间序列分类：将时间序列数据转换为表格形式，其中每一行代表一个时间点，每一列代表不同的特征（如时间序列中的值、时间戳等），为每个时间序列样本分配类别标签。

分割时间序列：使用 Python 等编程语言进行时间序列的分割，并将分割结果（如分割点的索引或时间戳）作为标签导入 Label-Studio 进行验证或进一步处理。

事件识别：使用 Label-Studio 中的"矩形"或"多边形"标签来标记图表上的事件区域。这通常适用于那些可以通过视觉识别的事件，如峰值、谷值或突然的变化。

视频标注：Label-Studio 提供视频分类、对象追踪及关键帧标注功能，助力高效、准确的视频数据标注工作。

视频分类：在 Label-Studio 中创建项目，上传视频并定义分类标签，标注者根据视频内容选择相应标签进行分类。

对象追踪：设置视频对象追踪项目，上传视频并配置追踪工具，标注者逐帧或在关键帧标记对象位置，实现对象在视频中的追踪。

辅助标注：标注者选择视频中的关键帧并精确标注对象位置，可选择结合外部工具进行自动插值以估算非关键帧的对象位置。

第十章

华为的数据治理演变和策略

▶▶▶▶

华为的数据治理是其数字化转型战略的关键支柱，伴随着企业从传统业务模式向全面数字化、智能化转型的深刻演变。在这一过程中，华为构建了全面而细致的数据分类及框架，确保数据的系统性管理。

对于结构化数据，华为强调以统一的数据语言为核心，实现数据的精准高效利用。对于非结构化数据，则侧重于特征提取技术，挖掘数据背后的深层价值。在外部数据管理上，华为严格确保数据的合规性与遵从性，保障企业信息安全。同时，华为高度重视元数据管理，将其视为作用于数据价值流的关键。这一系列举措共同构成了华为强大的数据治理体系，支撑其在全球市场的持续领先与创新发展。

第一节　华为数字化转型演变

华为数字化转型的演变是一个全面且深入的过程，明确将数字化转型作为战略核心，通过实现意识、文化、组织、方法和模式的五个关键转变，推进了确立数字化愿景、强化转型组织、规划指引和数字平台建设等关键行动。这些举措为华为带来了显著的成果，如研发周期缩短、故障率降低等，同时其成功经验也推动了行业的数字化转型。华为在此过程中持续引入新技术、新方法，并与合作伙伴共同构建数字化生态，推动转型的持续演进和创新。

一、数字化转型的五个转变

华为在 2016 年明确提出把数字化转型作为公司变革的唯一主题，并启动了一系列相关的变革项目。同时将数字化转型定位为组织整体战略的核心组成部分，通过全局谋划，确保转型方向与企业长远发展紧密相连。在数字化转型过程中，华为实现了五个关键转变。

第一是转意识，数字化转型是一把手工程，华为从高层到基层都树立了数字化转型的意识，认为数字化是实现业务战略的必由之路。第二是转文化，华为倡导"用数据说话"的文化，强调数据共享和决策依据，推动企业文化向数据驱动型转变。第三是转组织，华为通过组织转型激发组织活力，成立专门的数字化转型组织，协调业务和技术部门，推动数字化转型的落地。第四是转方法，华为引入敏捷开发、DevOps等现代软件开发方法，提高 IT 系统的开发效率和质量。第五是转模式，华为推动业务模式和管理模式的创新，通过数字化技术实现业务流程的优化和重构。

二、数字化转型的核心策略

华为自启动数字化转型以来，便将其视为推动企业跨越发展新阶段、抢占未来竞争先机的战略核心。为了高效且有序地推进这一重大转型，华为精心部署并实施了四大核心策略。

首要之策，是明确并宣传数字化的宏伟愿景。华为深知，一个清晰、鼓舞人心的愿景是引领全员同心协力、共同奋斗的关键。因此，他们不仅制定了详尽的数字化战略蓝图，还通过各种渠道和方式，确保这一愿景深入人心，成为全体员工共同追求的目标。

紧接着，华为对组织结构进行了深度优化，以适应数字化转型的需求。他们成立了专门的数字化转型领导小组，负责统筹全局、协调各方；同时，还组建了多支专业化的数字团队，负责具体执行转型任务。这种组织架构的调整，为数字化转型提供了坚实的组织保障。

在规划层面，华为制定了详尽且可行的数字化转型路径图。这份路径图不仅明确了转型的总体目标和阶段性任务，还细化了每个任务的具体责任人、完成时间和预期成果。这种精细化的规划管理，确保了转型工作的有序进行。

最后，华为在数字平台建设方面投入了大量资源。他们利用云计算、AI、大数据等前沿技术，构建了高效、智能的数字平台。这些平台不仅提升了企业的运营效率和创新能力，还为华为在数字化时代保持领先地位提供了强大的技术支持。

三、数字化转型的成果与影响

华为数字化转型取得了显著成果，不仅极大提升了内部运营效率与业务模式创新能力，还显著增强了技术产品与市场竞争优势，同时优化了客户体验。这些成就对产业链升级、行业生态构建及社会经济贡献均产生了深远影响。

1. 数字化转型的成果

第一是运营效率显著提升。华为通过引入先进的 ERP 系统，实现了从研发、采购、生产到销售全流程的数字化管理，大大缩短了产品研发周期，降低了故障率。数字化转型还使得华为供应链处理效率提升了约 35%，及时齐套到货率从管理变革之初的 20% 提升到 85%，显著提高了企业的运营效率。

第二是业务模式创新。华为数字化转型推动了从传统的硬件销售向软件和服务转型，实现了更加精细化、智能化的运营管理。数字化转型还使得华为能够为客户提供定制化的解决方案，更好地满足客户需求。

第三是技术创新与产品竞争力增强。在数字化技术的支持下，华为不断推出具有竞争力的新产品和解决方案，如 5G、云计算、人工智能等。这些创新不仅为华为带来了可观的经济效益，还提升了其在全球市场的竞争力。

第四是客户体验优化。通过大数据分析，华为能够更精准地了解客户需求，提供个性化服务，从而提升了客户满意度。数字化转型还使得华为能够更快速地响应市场变化，为客户提供更加便捷的服务。

2. 数字化转型的影响

华为数字化转型所取得的四大成就不仅为华为自身带来了显著的变革，更对产业链升级、行业生态构建以及社会经济贡献产生了广泛而深远的影响。

首先是对产业链的影响。华为数字化转型加速了产业链的信息化、智能化升级，推动了整个产业链的竞争力提升。华为与合作伙伴之间的合作模式也发生了变化，更加注重数据共享和互利共赢，有助于推动产业的可持续发展。

其次是对行业生态的影响。华为通过构建数字化产业生态圈，与全球合作伙伴共同推动数字化转型的落地和深化。华为的成功经验为其他企业提供了宝贵参考，推动了整个行业的数字化转型进程。

最后是对社会经济的贡献。华为数字化转型不仅提升了自身的运营效率和创新能力，还为整个社会经济的高质量发展注入了强大动力。数字化转型带来的创新产品和服务，为社会创造了更多的价值。

四、数字化转型的持续演进

数字化转型的持续演进是一个充满活力、动态且复杂的过程，它深刻地触及并重塑了企业运营的每一个角落。这一过程不仅涵盖了技术层面的革新与升级，还广泛涉及业务模式的重塑、组织架构的调整以及企业文化的转型，要求企业在多个维度上同时进行持续变革与创新。

1. 技术层面的持续演进

第一是新兴技术的融合应用。随着云计算、大数据、人工智能、物联网等技术的不断发展，这些新兴技术正逐步融入企业的数字化转型进程中。例如：通过云计算和大数据技术，企业可以实现数据的实时处理和分析，为决策提供有力支持；人工智能和物联网技术则能够帮助企业实现更加智能化、自动化的生产和运营。

第二是技术架构的持续优化。在数字化转型过程中，企业需要根据自身业务需求和技术发展趋势，不断优化技术架构。例如，通过微服务架构、容器化等技术手段，可以提高系统的可扩展性、可用性和灵活性，从而更好地支撑业务的快速发展。

2. 业务层面的持续演进

第一是业务模式的创新。数字化转型不仅改变了企业的运营方式，还推动了业务模式的创新。例如，通过数据分析和人工智能技术，企业可以更加精准地了解客户需求和市场趋势，从而推出更加符合市场需求的产品和服务。此外，数字化转型还促进了企业之间的合作与共享，形成了新的商业生态。

第二是业务流程的再造。在数字化转型过程中，企业需要对传统业务流程进行再造和优化。通过引入自动化、智能化等技术手段，可以简化业务流程、提高业务处理效率和质量。同时，业务流程的再造还有助于企业实现更加灵活、高效的运营模式。

3. 组织层面的持续演进

第一是组织架构的调整。数字化转型需要企业拥有更加灵活、高效的组织架构来支撑。因此，企业需要根据业务需求和技术发展趋势，不断调整和优化组织架构。例如，通过设立专门的数字化转型团队或部门，可以集中力量推进数字化转型工作；通过扁平化、项目化等组织模式，可以提高组织的响应速度和创新能力。

第二是人才培养和引进。数字化转型需要具备相关技能和知识的人才来支撑。因此，企业需要加强人才培养和引进工作，提高员工的数字化素养和技能水平。例如，利用内部培训、外部招聘等方式，吸引和培养一批具备云计算、大数据、人工智能等领域专业技能的人才。

4. 文化层面的持续演进

第一是创新文化的培育。数字化转型需要企业具备创新精神和开放心态。因此，企业需要积极培育创新文化，鼓励员工敢于尝试、勇于创新。例如，设立创新基金、举办创新大赛等方式，激发员工的创新热情和创造力。

第二是客户导向文化的强化。在数字化转型过程中，企业需要更加关注客户需求和体验。因此，企业需要强化客户导向文化，将客户需求作为业务发展的核心驱动力。例如，通过建立客户反馈机制、开展客户满意度调查等方式，及时了解客户需求和反馈，不断优化产品和服务。

第二节　华为数据分类及框架

华为在数据分类及框架方面构建了一套成熟且完善的体系，这一体系不仅体现了其在数据管理领域的深厚积累，更为其数字化转型和持续创新提供了坚实的基础。以下是对这一体系的详细阐述，包括数据分类、数据框架、数据治理与保障三个核心方面。

一、数据分类

华为的数据分类体系是基于对数据本质属性和业务价值的深刻理解而构建的，它不仅考虑了数据的来源、格式，还深入到了数据的业务含义和使用场景。

1. 内部数据与外部数据

华为将内部数据视为企业运营的核心资产，利用严格的内部管理制度和流程，确保数据的准确性、完整性和时效性。这些数据包括但不限于销售记录、产品研发信息、人力资源数据、财务数据等。华为还建立了数据仓库和数据湖，用于集中存储和管理这些内部数据。

外部数据对于华为来说同样重要，它提供了关于市场、竞争对手、客户等方面的宝贵信息。华为通过合法的数据收集渠道和合作伙伴关系，获取并分析这些外部数据，以支持其市场战略和决策制定。外部数据主要包括市场趋势、竞争对手分析、客户反馈、行业报告等。

2. 结构化数据与非结构化数据

结构化数据是华为数据分类中的重要组成部分，它具有明确的格式和模式，便于存储、查询和分析。华为对结构化数据进行了进一步细分，如基础数据（如国家代码、货币种类）、主数据（如客户信息、产品目录）、事务数据（如销售订单、库存记录）、观测数据（如传感器数据、日志数据）、规则数据（如业务规则、政策数据）等。这种细分有助于华为更精确地管理和利用这些数据，提高数据的价值和利用率。

非结构化数据包括文档、图片、视频、音频等，它们没有明确的格式和模式，难以直接进行存储、查询和分析。然而，非结构化数据中蕴含着大量的有价值信息，如客户需求、市场趋势等。华为利用先进的文本分析、图像识别、语音识别等技术，从这些非结构化数据中提取有价值的信息，以支持其业务决策和创新。

3. 元数据

元数据在华为的数据管理中扮演着至关重要的角色。它不仅包括数据的基本属性（如数据类型、来源、创建时间、格式等），还包括数据的业务含义、使用规则、质量标准等。通过元数据管理，华为能够更有效地追踪数据的变化、确保数据的质量，并支持数据的跨系统共享和集成。华为还建立了元数据管理系统，用于集中存储和管理元数据，方便用户查询和使用。

二、数据框架

华为的数据框架是一个综合性的体系，它涵盖了数据的全生命周期管理，从数据的产生、存储、处理到分析和应用，每个环节都进行了深入的设计和优化。

1. 数据产生与采集

华为注重数据的源头管理，通过明确的业务流程和系统接口，确保数据的准确、及时采集。华为还建立了数据质量监控机制，对采集的数据进行实时校验和清洗，以消除数据错误和冗余。此外，华为还利用物联网、传感器等技术，实现数据的自动采集和实时传输。

2. 数据存储与管理

华为采用了分布式存储、云存储等先进技术，确保数据的安全性和可扩展性。华为还建立了统一的数据资产管理平台，对数据进行分类、标签化、版本管理，方便数据的查找、访问和共享。此外，华为还注重数据的备份和恢复机制，确保数据的可靠性和可用性。

3. 数据处理与整合

华为利用大数据处理技术和 ETL 工具，对数据进行清洗、转换、整合，以支持后续的分析和应用。华为还注重数据的实时处理能力，通过流式计算、事件驱动等技术，实现对数据的即时分析和响应。此外，华为还利用数据仓库和数据挖掘技术，对数据进行深入的分析和挖掘，以发现数据中的隐藏模式和关联。

4. 数据分析与挖掘

华为利用机器学习、深度学习等人工智能技术，对海量数据进行深度挖掘和分析，以发现数据中的隐藏模式和关联。华为还建立了数据可视化平台，将复杂的分析结果以直观、易懂的方式呈现给业务用户，支持其决策制定。此外，华为还注重数据的预测分析能力，通过建立预测模型和时间序列分析等方法，对未来的趋势和走向进行预测和判断。

5. 数据应用与创新

华为将数据广泛应用于各个业务领域，如产品研发、市场营销、客户服务等，推动了业务的快速发展和创新。华为还注重数据的开放和共享，通过 API 接口、数据服务等方式，将数据资产化、服务化，支持外部合作伙伴和开发者的创新。此外，华为还利用数据驱动的方法论和工具，如敏捷开发、DevOps 等，加速数据的价值实现和业务创新。

三、数据治理与保障

为了确保数据分类及框架的有效实施，华为建立了完善的数据治理体系。

第一，华为制定了统一的数据标准、规范和管理流程，确保数据的一致性和可比性。这些标准和规范涵盖了数据的命名、格式、质量、安全等方面，为数据的全生命周期管理提供了有力的保障。

第二，华为建立了数据质量管理机制，对数据的质量进行持续监控和改进。华为通过数据质量评估、数据清洗、数据校验等方法，确保数据的准确性、完整性和一致性。同时，华为还注重数据的可追溯性和可解释性，以便在出现问题时能够快速定位和解决。

第三，华为严格遵守相关法律法规和行业标准，加强数据的安全管理和隐私保护。华为建立了完善的数据安全体系，包括数据加密、访问控制、审计日志等措施，确保数据的安全性和保密性。同时，华为还注重用户隐私的保护，通过数据脱敏、匿名化等方法，保护用户的个人信息和隐私权益。

第四，华为注重培养数据文化，提升员工的数据意识和技能。华为通过内部培训、外部招聘等方式，吸引和培养了一批具备数据科学、数据分析等领域专业技能的人才。同时，华为还鼓励员工积极参与数据创新和实践，推动数据的价值实现和业务创新。

第五，华为建立了专门的数据治理组织架构，包括数据治理委员会、数据管理部门、数据 Owner 等角色和职责。这些组织和人员负责数据的规划、管理、监督和改进工作，确保数据分类及框架的有效实施和数据价值的最大化。

第三节　结构化的数据管理（以统一语言为核心）

华为在结构化数据管理领域的深耕，不仅仅是对"统一语言"这一理念的简单实践，更是一场涉及数据管理全链条的深度优化与智能化革命。

一、统一语言是数据治理的基石与灵魂

1. 标准化与规范化

华为制定了详尽的数据字典和数据模型，确保每个数据项都有明确的定义、格式和取值范围。通过统一的编码体系，实现了数据在不同系统、不同部门之间的无缝对接和共享。

2. 业务语义的统一

华为建立了业务术语词典，对关键业务概念进行明确定义，避免了因术语混淆导致的误解和冲突。通过业务规则引擎，将业务逻辑嵌入到数据管理流程中，确保了数据处理的业务一致性。

3. 接口与协议的统一

华为定义了标准的数据交换接口和协议，使得不同系统之间的数据交互变得简单、可靠，采用了 API 网关和微服务架构，提高了数据服务的灵活性和可扩展性。

二、结构化数据管理的全面深化

1. 元数据管理的精细化

华为对元数据进行了分层管理，包括：数据表、字段、数据项等多个层次，每个层次都有详细的描述和属性；建立了元数据血缘关系图，展示了数据之间的关联和依赖关系，为数据追踪和故障排查提供了便利。

2. 主数据与参考数据的集中管理

华为建立了主数据管理中心：对关键主数据（如客户、产品、供应商等）进行集中管理和维护；对参考数据（如国家地区代码、货币种类等）进行了统一管理和分发，确保了数据的一致性和准确性。

3. 数据质量的全面监控与提升

华为建立了数据质量监控体系：对数据的完整性、准确性、一致性、及时性和唯一性进行全面监控；通过数据清洗、数据校验、数据转换等手段，不断提升数据的质量水平。

4. 数据安全与隐私保护的强化

华为采用了先进的数据加密技术和访问控制机制，确保了数据的安全存储和传输。华为还建立了数据隐私保护政策，对敏感数据进行了脱敏处理和匿名化处理，保护了用户的隐私权益。

三、智能化与自动化在数据管理中的应用

1. 智能数据分类与标签

华为利用机器学习算法，对海量数据进行自动分类和打标签，提高了数据管理的效率和准确性；华为通过智能推荐系统，为业务人员提供了个性化的数据标签推荐，促进了数据的快速检索和利用。

2. 自动化数据处理流程

华为通过工作流引擎和 ETL 工具，实现了数据处理的自动化和流程化；华为采用了大数据处理技术和分布式计算框架，提高了数据处理的效率和性能。

3. 数据可视化与分析的智能化

华为提供了丰富的数据可视化工具和分析模型，支持业务人员快速构建数据报表和图表；华为通过智能分析算法，对数据进行深度挖掘和关联分析，发现了数据背后的规律和趋势。

4. 数据治理的自动化与智能化

华为建立了数据治理自动化平台，实现了数据治理流程的自动化和智能化；华为通过智能监控和预警系统，对数据治理过程中的异常情况进行及时发现和处理。

第四节　非结构化数据管理（以特征提取为核心）

非结构化数据具有格式多样、内容复杂、难以直接解析等特点。这些特性使得非结构化数据的管理面临诸多挑战，华为在非结构化数据管理领域，以特征提取为核心，构建了一套高效、智能的数据管理体系。

一、特征提取为非结构化数据管理的核心

特征提取是非结构化数据管理的核心环节，它涉及从非结构化数据中提取出有意义的信息或模式，以便于后续的数据处理和分析。华为在非结构化数据特征提取方面采取了以下三个策略。

1. 文本特征提取

华为利用自然语言处理技术（NLP），对文本数据进行分词、词性标注、命名实体识别、情感分析等处理，提取出文本的关键词、主题、情感倾向等特征。通过主题模型（如 LDA）等算法，对文本数据进行主题聚类，发现文本数据中的潜在主题和话题。

2. 图像特征提取

华为利用计算机视觉技术，对图像数据进行边缘检测、角点检测、

纹理分析、颜色直方图等处理，提取出图像的形状、纹理、颜色等特征。通过深度学习算法（如卷积神经网络 CNN），对图像数据进行高层语义特征的提取，如对象识别、场景理解等。

3. 音频与视频特征提取

华为对音频数据进行频谱分析、声纹识别、语音识别等处理，提取出音频的音调、响度、音色等特征。对视频数据进行关键帧提取、运动检测、目标跟踪等处理，提取出视频的运动轨迹、目标对象等特征。

二、元数据管理是非结构化数据治理的基础

华为在非结构化数据管理中，注重元数据的管理和利用。元数据是关于数据的数据，它描述了数据的属性、来源、质量、关系等信息。华为通过以下三种方式加强非结构化数据的元数据管理。

1. 元数据分类

华为将非结构化数据的元数据分为基本特征类（如标题、格式、大小、创建时间等）和内容增强类（如标签、关键词、主题、情感倾向等）。

2. 元数据采集与存储

华为利用自动化工具从非结构化数据源中采集元数据，并将其存储在元数据管理系统中。对采集到的元数据进行标准化、整合和质量控制，确保元数据的准确性和一致性。

3. 元数据应用

华为基于元数据对非结构化数据进行分类、检索和推荐，提高数据的可用性和易用性。利用元数据对非结构化数据进行质量评估和治理，确保数据的质量和安全。

三、智能化与自动化工具的应用

华为在非结构化数据管理中广泛应用了智能化和自动化工具，提高了数据处理的效率和准确性。例如：智能分类与标签系统，利用机器学

习算法对非结构化数据进行自动分类和打标签，减少人工干预；自动化处理流程，通过工作流引擎和 ETL 工具，实现非结构化数据处理的自动化和流程化；智能搜索与推荐系统，基于元数据和内容特征，为用户提供智能搜索和个性化推荐服务，提高数据的发现和利用效率。

四、合规与安全管理

在非结构化数据管理过程中，华为严格遵守相关法律法规和行业标准，确保数据的合规性和安全性。例如：数据隐私保护，对敏感非结构化数据进行脱敏处理和匿名化处理，保护用户隐私；数据加密与访问控制，对非结构化数据进行加密存储和传输，防止数据泄露；实施严格的访问控制策略，确保只有授权用户才能访问和使用非结构化数据。

第五节　外部数据管理（以确保合规遵从为核心）

华为在外部数据管理方面，以确保合规遵从为核心，构建了一套完善的管理体系。

一、外部数据管理的合规遵从原则

华为在外部数据管理中，始终坚持合规遵从的原则，体现在以下四个方面。

1. 法律法规遵从

严格遵守国家及国际相关的法律法规，如数据保护法、隐私法等，确保外部数据的采集、存储、处理和使用符合法律要求。

2. 采购合同遵从

在与外部数据供应商签订采购合同时，明确双方的数据合规责任和义务，确保外部数据的来源合法、质量可靠。

3. 客户授权遵从

在采集和使用涉及客户个人隐私的外部数据时，必须获得客户的明确授权，并严格遵守客户隐私政策。

4. 公司信息安全与公司隐私保护政策遵从

遵从华为自身的信息安全和隐私保护政策，对外部数据进行严格的安全管理，防止数据泄露和滥用。

二、外部数据管理的责任明确原则

华为在外部数据管理中，明确各方责任，确保数据的合规使用和安全管理。对于每个外部数据源，都明确指定管理责任主体，负责数据的引入、存储、处理和使用过程中的合规遵从和安全管理。管理责任主体需承担数据引入方式、数据安全要求、数据隐私要求、数据共享范围、数据使用授权、数据质量监管、数据退出销毁等责任。

三、外部数据管理的有效流动原则

华为在外部数据管理中，鼓励数据的有效流动和共享，避免重复采购和重复建设。首先优先使用公司已有数据资产，在满足业务需求的前提下，优先使用公司已有的外部数据资产，避免重复采购和重复建设。其次鼓励数据共享，在合规的前提下，鼓励各部门之间共享外部数据资产，提高数据利用率和降低数据成本。

四、外部数据管理的可审计、可追溯原则

华为在外部数据管理中，实施严格的审计和追溯机制，确保数据的合规使用。首先是控制访问权限，对外部数据的访问权限进行严格控制，确保只有授权人员才能访问和使用数据。其次是留存访问日志，记录并留存外部数据的访问日志，包括访问时间、访问人员、访问内容等信息，以便进行审计和追溯。最后是定期审计与检查，定期对外部数据的使用情况进行审计和检查，确保数据的合规使用和安全管理。

五、外部数据管理的受控审批原则

华为在外部数据管理中，实施受控审批机制，确保数据的合规引入和使用。首先是审批流程明确，外部数据的引入和使用需经过明确的审批流程，包括申请、审核、批准等环节。其次是合理审批使用方的数据获取要求，在授权范围内，外部数据管理责任主体应合理审批使用方的数据获取要求，确保数据的合规使用和安全管理。

六、外部数据管理的技术支撑

华为在外部数据管理中，充分利用先进的技术手段，提高数据管理的效率和安全性。例如，API 接口模板，内置多个外部数据厂商的 API 接口模板，满足不同需求，开箱即用，提高数据接入的效率。还有零代码、低代码模式，通过零代码、低代码模式完成数据接口的开发和测试，避免重复性开发，降低开发成本。最后是数据流水线设计，在线可视化流水线设计快速完成离线、在线的数据落地流程编排，提高数据处理的效率和安全性。

第六节　元数据管理（作用于数据价值流）

华为在元数据管理方面的实践，深刻体现了元数据在数据价值流中的核心作用。元数据作为描述数据的数据，不仅打破了业务和 IT 之间的语言障碍，还贯穿了数据的全生命周期，从数据产生、加工到消费，每一个环节都发挥着至关重要的作用。

一、元数据管理的重要性

元数据在数据治理中占据基础地位，它确保了数据的准确性、一致性和完整性。通过元数据管理，组织可以更好地了解其数据资产，做出更明智的数据驱动决策。元数据的主要作用可以概括为六个方面：描述、定位、检索、管理、评估和交互。这些作用共同推动了数据价值流的高效运转。

二、元数据管理作用于数据价值流的具体环节

1.数据消费侧

元数据支持企业指标和报表的动态构建，使得业务人员能够根据需要快速生成所需的数据视图，提高决策效率。

2.数据服务侧

首先是统一管理和运营，元数据支持数据服务的统一管理和运营，确保数据服务的质量和可用性。其次是驱动 IT 敏捷开发，通过元数据，IT 团队可以更加快速地理解业务需求，从而实现敏捷开发，加快产品上市时间。

3.数据主题侧

首先是统一管理分析模型，元数据能够统一管理分析模型，敏捷响应井喷式增长的数据分析需求。其次是支持数据增值变现，通过元数据，企业可以更好地理解和利用数据资产，实现数据的增值变现。

4.数据湖侧

首先是实现数据透明化，元数据能够实现数据的透明化，使得业务人员能够清晰地了解数据的来源、质量和用途。其次是增强数据活性，通过元数据管理，数据湖中的数据变得更加活跃和有用，能够更好地支持业务决策。

5.数据源侧

支撑业务管理规则落地：元数据能够支撑业务管理规则的有效落地，确保数据内容合格合规。

三、华为元数据管理架构及策略

华为在元数据管理方面采用了全面的管理架构和策略，包括元数据管理方案和元数据管理架构。元数据管理方案包括制定元数据标准、规

范、平台与管控机制。华为通过建立企业级元数据管理体系，推动其在公司各领域落地，支撑数据底座建设与数字化运营。

元数据管理架构首先要产生元数据，制定元数据管理相关流程与规范的落地方案，在 IT 产品开发过程中实现业务元数据与技术元数据的连接。其次要采集元数据，通过统一的元模型从各类 IT 系统中自动采集元数据。再次要注册元数据，基于增量与存量两种场景，制定元数据注册方法，完成底座元数据注册工作。最后要运维元数据，打造公司元数据中心，管理元数据产生、采集、注册的全过程，实现元数据运维。

四、华为元数据管理的具体实践

1. 分类管理

华为将元数据分为业务元数据、技术元数据和操作元数据三类，分别用于描述数据的业务含义、技术特性和操作日志等信息。这种分类管理方式有助于更精细地管理数据资产。

2. 数据地图与搜索

基于高质量的元数据，华为通过数据地图实现了企业内部方便的数据搜索。业务人员可以通过数据地图快速找到所需的数据资源，提高数据利用效率。

3. 数据血缘与影响分析

华为利用元数据跟踪数据从创建、使用到废弃的全过程，即数据的生命周期。这有助于组织合理规划数据存储、归档和清理策略，有效管理数据存储成本。同时，通过对特定元数据项的血缘分析和影响分析，华为能够确保数据变更时风险可控。

✒ **小贴士**

《华为数据之道》数据质量部分的亮点

华为在探索企业数据管理方面不仅受到高层重视，而且真正投入了大量的人力物力，邀请了众多顶尖的咨询公司参与和支持。在 2020 年 11 月左右，《华为数据之道》从华为内部读物，变成对外公开发表和分享，下面简要介绍比较值得借鉴的三个亮点。

一、数据质量整体框架

数据质量受众多因素影响，某一环节没有管控或把握到位，数据质量就会出问题。因此需要一个整体性的框架，来确保企业能体系性地应对和解决问题。图 10-1 展示了数据质量整体框架，通过 3 个方面的有机结合，给出了一个整体性解决思路：领导力、持续改进（PDCA）、能力保障。

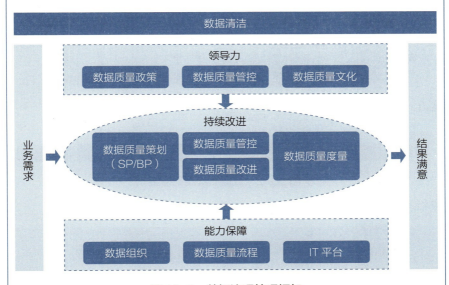

图 10-1　数据治理管理框架

二、数据质量规则

从哪些方面来判断数据质量，DAMA BoK2 比较全面地分享了全球的主要流派：如 Strong-Wang 框架，分为 4 大类 15 个指标；Thomas-Redman，分为 3 大类 20 多个维度；Larry English，分为 2 大类 15 个特征；DAMA UK 白皮书，分为 6 个核心维度。个人认为，华为提到的数据六性主要参考了2013年由DAMA UK发布的白皮书。

华为在数据六性的基础上，进一步梳理出15个具体的质量规则类型，并对应上了4个主要场景，明晰了具体的操作思路（见图10-2）。

三、度量质量（设计质量＋执行质量）

很多企业在度量数据质量的时候，主要考虑"执行质量"，较少考虑"设计质量"。在《华为数据之道》中，给出了"设计质量占40%＋执行质量占60%"的思路（见图10-3）。

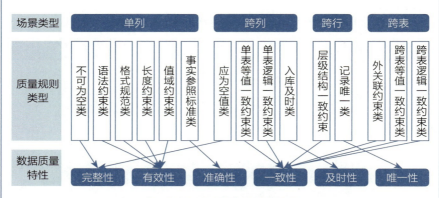

图 10-2　数据质量规则框架

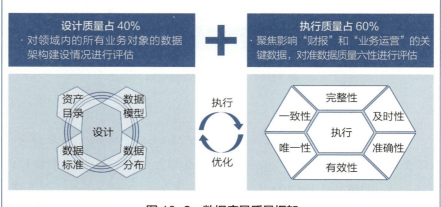

图 10-3　数据度量质量框架

目前很多企业，纷纷在进行数据仓库、数据湖、数据中台等建设，比较常规的做法都是先把现有的各个应用数据采集入仓或入湖，实现数据打通，并快速在局部开始数据应用。在使用一段时间后，不少企业发现"上游源系统"的变化及设计质量对数据平台的数据可用性会不断产生影响，很多问题在下游解决会很困难，而且有些数据质量问题在下游不一定能解决掉。

在 DAMA BoK 中也强调"第一次就获取正确数据所投入的成本，远比获取错误数据并修复数据的成本要低"，我们需要尽可能在"源头"确保数据质量，这就需要加强对"设计质量"环节的重视和管控。

后　记

本书拟给读者提供一个关于数据治理的全面视角，从理论基础到实践应用，从组织架构到技术工具，我们尽可能覆盖了数据治理的每个关键领域。

本书的突出特点在于其系统性和实用性。我们不仅详细解释了数据治理的基本概念和目标，还深入探讨了数据治理的策略、体系框架、制度体系、绩效管理、标准体系、质量体系、安全体系以及平台工具等多个维度。

我们特别强调了理论与实践的结合，通过分析国内外的案例，尤其是华为的数据治理实践，来展示数据治理在现实世界的应用。

此外，本书还特别关注了数据治理的最新趋势和发展，力图为读者提供一个与时俱进的知识框架。

本书从策划、资料收集、内容撰写到审校，凝聚了作者和编辑团队的心血。我们与行业专家进行了深入的访谈，以确保书中的内容既准确又具有前瞻性。在写作过程中，我们不断更新内容，以反映数据治理领域的最新动态。我们的目标是创作一本不仅能够提供理论知识，还能够指导实践操作的著作。

本书得到了许多数字化专家和企业管理专家的大力支持和指导，同时也感谢本书编写团队的辛勤付出！

王宁参与了第一章《数据治理概述》、第二章《数据战略》、第三章《数据组织管理》的编写，收集了大量的学术资料和技术资料。

范梦娟参与了第五章《数据绩效管理》、第六章《数据标准体系》、第十章《华为的数据治理演变和策略》的编写，收集了大量的学术资料和技术资料。

周忠璇参与了第七章《数据质量体系》、第九章《数据平台工具》的编写，收集了大量的学术资料和技术资料。

李荣蓉参与了第四章《数据治理制度体系》的编写，收集了大量的学术资料和技术资料。

尽管我们尽了最大努力，但本书仍可能存在一些不足之处。由于数据治理是一个不断发展的领域，我们可能未能涵盖所有最新的进展和变化。由于不同行业和组织的具体情况差异较大，本书中的某些建议和方案可能需要根据具体情况进行调整。

我们真诚地希望本书能够成为读者在数据治理领域的良师益友，并期待读者的反馈和建议，以便我们在未来能够提供更加完善和深入的内容。感谢所有参与和支持本书创作的人，以及每一位选择阅读本书的读者。